寅虎

威严的山君
趋吉避凶、威武勇猛的表达

卯兔

住在月亮上
嫦娥宫的捣药灵兽

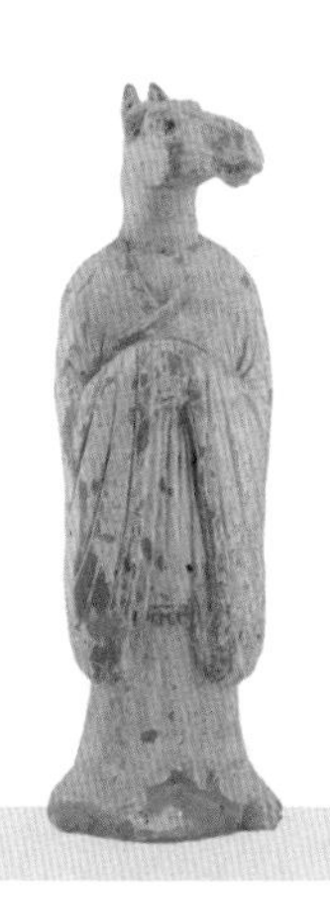

午马

车骑之魂
战场上的绝对主角

未羊

美的化身
孝顺、吉祥与仁义的象征

戌狗

陪你走过一万年
人类的好朋友

亥猪

肉食江湖的王者
古人的炫富工具

子鼠

瘟疫的来源，医学的助手

与北京猿人同龄

丑牛

华夏文明的柱石

5000 年前的西亚来客

辰龙

国之图腾

从灵兽到帝王象征

巳蛇

华夏的始祖

上古神灵的本相

申猴

一棒打出南天门

从宠物到神猴孙悟空

酉鸡

报时神鸟

太阳的使者

动物寻古

THE ARCHAEOLOGY OF ZODIAC ANIMALS

袁靖 著

Discovering China from Twelve Animals

在生肖中发现中国

GUANGXI NORMAL UNIVERSITY PRESS
广西师范大学出版社
·桂林·

DONGWU XUNGU: ZAI SHENGXIAO ZHONG FAXIAN ZHONGGUO
动物寻古：在生肖中发现中国

图书在版编目（CIP）数据

动物寻古：在生肖中发现中国 / 袁靖著. --桂林：广西师范大学出版社，2023.4（2024.12 重印）
ISBN 978-7-5598-5634-0

Ⅰ. ①动… Ⅱ. ①袁… Ⅲ. ①古动物学－中国－通俗读物 Ⅳ. ①Q915-49

中国版本图书馆 CIP 数据核字（2022）第 218995 号

广西师范大学出版社出版发行
（广西桂林市五里店路 9 号　邮政编码：541004
网址：http://www.bbtpress.com）
出版人：黄轩庄
全国新华书店经销
深圳市精彩印联合印务有限公司印刷
（深圳市光明新区光明街道白花社区精雅科技园
邮政编码：518107）
开本：787 mm × 1 092 mm　1/32
印张：13　　插页：1　　字数：248 千
2023 年 4 月第 1 版　　2024 年 12 月第 5 次印刷
定价：98.00 元

目　录

前　言

在1989年到日本千叶大学留学之前，我还没有想过要做动物考古学方面的研究。这个专业的选定源于1989年我与导师加藤晋平教授的第一次见面。那天，加藤教授对我攻读博士的学习方向，给了三个建议：一是继续学习中国新石器时代考古，二是学习日本绳纹时代考古，三是学习20世纪后半叶兴起于西方考古学界的动物考古学和环境考古学。听了加藤教授的建议，我决定改变自己的知识结构，把动物考古学和环境考古学作为自己攻读博士学位的学习目标。

在之后的许多年里，动物考古学是我用力最多的一门学科。这门学科是通过对各个考古遗址出土的动物遗存开展全方位的研究，探讨古人利用动物的行为以及利用的过程在人类的历史进程中发挥了怎样的作用。如果要概括成一句话，那么，动物考古学就是一门研究古人与动物之间的相互关系的学科。

20世纪90年代初，我从日本留学归来，到现在已有30年。在这30年里，我对位于内蒙古、新疆、甘肃、青海、宁夏、陕西、山西、河南、河北、山东、四川、重庆、湖北、湖南、安徽、江苏、上海、浙江、广西、广东、海南等20多个省市自治区的70余处遗址中出土的动物遗存进行鉴定和研究，发表了数十篇研究报告。同时，我还出版了动物考古学方面的专著，在国内外的重要期刊上发表了大量文章。这些研究成果在推动中国动物考古学研究方面发挥了十分积极的作用。

在进行学术研究的过程中，尤其是揭示古人利用动物的具体细节时，我时常会感慨古人创造历史之伟大，也萌生了讲述背后故事的想法。有一位学者说过，历史研究就是讲好故事，并赋予其意义。动物考古学的研究成果是可以讲出不少精彩的故事的。2013年9月，我们在北京大学赛克勒考古与艺术博物馆举办了“与猪同行——中国古代猪类驯化、饲养与选育技术及其影响研究成果展”，围绕家猪的起源、家猪的饲养技术、家猪是主要肉食来源、祭祀和民俗中的猪等4个板块，展示考古遗址中出土的与猪相关的骨骼、青铜器、陶器、发掘现场的照片及各种相关的图表，向公众普及从驯化野猪到家猪饲养和选育技术，从简单食用猪肉到烹饪出以猪肉为原料的美味，从用猪随葬到把猪作为重要的精神文化符号等方面的知识。这是国内首次举办动物考古学研究的专题展览，北京大学考古文博学院的老师称赞这次展览是赛克勒考古与艺术博物馆举办过的最精彩的展览之一。我们完整讲述了古人与家猪之间发生的故事，为动物考古学研究成果走向公众奠定了很好的基础。

2013 年底，另一件事进一步激发起我介绍动物考古研究成果的想法。那年 11 月，时任《中国文物报》编辑的李政约我当年年底或来年年初在《中国文物报》上发表题为《马年说马》的专栏文章，以迎接 2014 年的到来。我遵嘱完成了这篇专栏文章。文章发表后，读者的反响比较积极，当时我尚未想过会写成系列的生肖年专栏文章，但自 2014 年发表《马年说马》以后，这种想法便一发而不可收。于是，我每年都会写一篇介绍当年生肖的专栏文章，迄今为止，已经写了 9 年。2019 年 9 月，广西师范大学出版社的刘春荣主编找到我，向我介绍了他们一直在出版以对某一个事物的解读和叙述，来观察人类文化生活中的有趣侧面的作品。他给我拿来了 10 多本广西师范大学出版社出版的译著，其中涉及各个专题研究。他对我说他一直有一个想法，希望出版由中国学者撰写的类似专著。他读了我关于生肖的文章，觉得很有意思，因而约我写一本专著，专门讲述生肖背后的动物故事。广西师范大学出版社多年来出版过大量好书，我读过一些，对它慕名已久，同时，我也被刘主编的想法所打动，正好自己也有意出版这方面的专著，于是，我们一拍即合。

本书的阐述包括四个方面。首先是从动物考古学的角度出发，探讨考古遗址出土的与十二生肖相关的各种动物骨骼，探索它们的起源、出现及古人利用这些动物的过程。其次是阐述一系列与十二生肖相关的典型文物，例如各种青铜器、陶塑、玉雕、画像砖石、绘画，书中附上大量图片，用图文并茂的方式展示古人用多种艺术手法表现那些融入自己生活的动物。其三是阐述与十二生肖相关的文化，主要包括各种文献记载和饮食文化。其四是阐述与十二生肖相关的生物学知识。总而言之，本书旨在寻找生肖动物在中国历史长河中的身影。

古人云，“十年磨一剑”，从我写作生肖专栏开始算起，至今尚不足 9 年，但若以从事动物考古学研究开始算起，则已经历了将近 30 年的时光，我希望自己这些在动物考古学研究成果基础上提炼出来的故事，能为读者提供一些有价值的东西。

序言

动物寻古的科学工具

十二生肖的由来

在中国的传统历法中，甲、乙、丙、丁、戊、己、庚、辛、壬、癸被称为“十天干”，子、丑、寅、卯、辰、巳、午、未、申、酉、戌、亥则被叫作“十二地支”。两者按固定的顺序互相配合，便组成了干支纪法。在十天干中，甲、丙、戊、庚、壬为阳，乙、丁、己、辛、癸为阴；在十二地支中，子、寅、辰、午、申、戌为阳，丑、卯、巳、未、酉、亥为阴。10个天干和12个地支相配是阳配阳，阴配阴，如甲为阳，子为阳，可配成甲子；乙为阴，丑为阴，可以配成乙丑；甲为阳，丑为阴，则不能相配。以此类推，天干用6轮，地支用5轮，正好配成60组，通称“六十甲子”。古代用此来表示年、月、日、时的次序，周而复始，循环使用。干支纪法最早见于殷墟遗址出土的甲骨文（图0-1），从右向左共有6列，每列有10个天干地支，从第一个甲子开始到最后一个癸亥为止。干支最晚从商代开始就用来纪日，东周时期采用干支纪月，西汉末开始用干支纪年，一直延续下来。

中国的古人用 12 种动物跟 12 地支相配，即子鼠，丑牛，寅虎，卯兔，辰龙，巳蛇，午马，未羊，申猴，酉鸡，戌狗，亥猪。因为每一年都对应一种特定的动物，因此也可以称为“生肖年”。关于生肖年的来由众说纷纭，至今尚未有定论，最近几十年来，随着甘肃省天水市放马滩秦简和湖北省云梦县睡

图 0-1　记录干支纪法的甲骨文拓片

虎地秦简等古代文献的出土，证明成书于战国至秦代（最晚在公元前3世纪）的《日书》中，已经有与十二生肖相关的记载，这对我们探讨十二生肖的由来是一个重要启示。

十二生肖是中国自古以来的民俗文化传承。到今天，国人就算搞不清楚自己生于农历的哪一年，但对自己的属相还是记得非常清楚的。

动物如何科学分类

十二生肖皆为动物。要研究动物，首先要对它们进行分类。被称为“分类学之父”的瑞典博物学家卡尔·冯·林奈（Carl von Linné）在1735年出版的著作《自然系统》(*Systema Naturae*）中创立了物种分类法。之后，经过历代学者的补充完善，终于建立起科学的生物分类学。生物学家依据生物的形态、细胞、遗传、生理、生化、生态和地理分布等特征，将地球上的生物分为界、门、纲、目、科、属、种等7个主要等级。这7个等级的相似点从前往后，由多到少。比如动物界是生物的一个界，该界的成员包括一般能自由运动、以碳水化合物和蛋白质为食的所有生物。脊索动物门是动物界最高等的门，也是发展得最成功的门。这个门下动物的共同特征是在个体发育的全过程或某一时期具有脊索、背神经管和鳃裂。纲与纲、目与目的分类依据一般为动物本身的特征。如鸟纲是卵生动物，不需要哺乳。哺乳纲基本是胎生动物，需要哺乳。哺乳纲下的偶蹄目动物，其脚趾是偶数，而奇蹄目动物的脚趾是奇数。科与科的分类依据主要是比较突出且常常具有一定适应性的形态特征。如偶蹄目下牛科动物的角一般都由骨心和角鞘组成，而同属偶蹄目下鹿科动物的角则是实心和分叉的。属与属的分类依据一般是综合的特征，如鹿科下麝属动物的雌性和雄性都没有角，而鹿属则雄性有角，雌性无角。种的鉴别一般有两个标准：一是形态方面——任何两个种之间，必定具有明显且较稳定的形态区别，彼此截然不同，这些区别特征并非仅限于个别动物，而是该种群的全部动物都有；二是分布方面——每一个种群有自己的分布区，不同的种群可能分布在同一个地区，也可能分布在不同的地区。

中国的古人则在 2000 多年前，即从战国至汉代起，就对动物有了自己的分类标准，大致可分为两类。一类是按照动物的外表特征进行分类。例如，汉代礼学家戴德在《大戴礼记》的《易本命》中把动物统称为“虫”，其中有羽毛的禽类为“有羽之虫”，有毛发的走兽为“有毛之虫”，有甲壳的动物为“有甲之虫”，有鳞的动物为“有鳞之虫”，体表无毛、羽、鳞和甲壳的动物为“倮之虫”。古人的另一类分类标准是动物的习性和用途。如《尔雅》中把动物分为虫、鱼、鸟、兽、畜

5 部，每部都有具体的种类。有些分类特别详细，比如在《释兽》里先分出鼠属，鼠属之下，又列出 13 种名称各异的鼠。

当然，以科学的动物分类学标准衡量，中国古人的一些分类是完全错误的，例如把属于食肉目、食虫目的动物都归入啮齿目的鼠类便是一例。尽管我们可以评价古人在对动物的区分上有不够科学之处，但古人在 2000 多年前就能对众多动物做出如此细致入微的观察和分类，仍然体现了他们认识世界的高超能力。

按照科学的动物分类学，十二生肖中，除了龙是想象中的动物，其余十一种动物多属于不同的纲和目。蛇属于爬行纲，鸡属于鸟纲，其他都属于哺乳纲。在哺乳纲之下，猴属于灵长目，鼠属于啮齿目，兔属于兔形目，狗和虎属于食肉目，马属于奇蹄目，猪、牛、羊属于偶蹄目。

共同的文物与文献

谈论十二生肖，必定离不开文化这个话题。每种生肖与文化相关的典故我们会在各章中提及，至于书中涉及一些共同的文物与文献，在此且作一个统一的简要交待，以免赘述。

唐代的生肖陶俑与清代的兽首铜像

说到十二生肖的相关文物，必然要提到隋唐时期的十二生肖陶俑和圆明园的十二生肖兽首铜像。十二生肖陶俑是古人用来驱邪、保护墓主安宁的镇墓明器，在唐宋时期的墓葬中多有发现。隋唐时期，镇墓的生肖俑还有标明方位的作用，比如正东为兔，正西为鸡，正南为马，正北为鼠。仔细观察这些生肖俑，可以确认它们的胎质主要是灰陶和红陶，当时的工匠先用陶土分别制作生肖俑的头部和身体，然后把它们粘接起来，放入陶窑内烧制，出炉后再施以彩绘。不过，目前我们所看到的生肖俑，其外表的彩绘多已褪色或剥落。生肖俑的身体部分大同小异，唯头部根据动物的形象分别塑造，栩栩如生，充分展现了古代工匠对各种动物形态的观察之细微与雕塑技法之高超。本书拉页部分的十二生肖陶俑均出土于陕西省西安市的唐代墓葬，现收藏于陕西省考古研究院。

清代的十二生肖兽首铜像原为圆明园海晏堂外的喷泉的一部分，由意大利传教士、宫廷画家郎世宁主持设计，法国传教士、建筑师蒋友仁监修。郎世宁本打算沿用西方惯常喷水池的做法，以裸女为像，但乾隆认为这有悖伦理道德，不能接受，才改以中国民俗的十二生肖作为龙头。作为喷泉龙头的兽首以精炼的红铜铸成，形象极其逼真，它们的身躯则是身穿袍服的石雕坐像。中国古代把一天分为十二个时辰，一个时辰为两小时，每到一个时辰，属于该时辰的生肖兽首就会张开嘴巴自动喷水，水呈抛物线状注入池中。每天正午12点，十二兽首会同时喷水。此设计极为精巧，闻名世界。1860年10月6日，英法联军攻入北京，洗劫了圆明园。他们大肆抢掠文物，焚烧园内物什。圆明园沦为一片废墟，十二兽首铜像也因此流失海外。2000至2019年间，流失海外的十二兽首铜像中的七首，即牛首、猴首、虎首、猪首、鼠首、兔首、马首，以不同的方式回归大陆。其余五首，除龙首在台湾，羊首、蛇首、鸡首和狗首均在海外漂泊，不知何日才能归来。

甲骨文、《说文解字》、《诗经》、《山海经》、《清宫兽谱》

古人对生肖动物的命名可追溯到甲骨文。在史前时代，为了能顺利捕获猎物，古人必须具备极好的观察力、听力和体力，心中要对各种动物的形象和性格有清晰而明确的判断。因此，这些动物经常被生动地刻画进彩陶、岩画当中，留下了我们现在所能见到的各种史前文化遗迹和遗物，而古老的象形文字也由此而来。甲骨文是我国最早、最系统的文字，具有象形和表意的双重功能，所以甲骨文中的字很多都是写实的绘画。

东汉学者许慎编著的《说文解字》是中国第一部系统分析汉字字形和考究字源的字书。许慎认为，象形字是“画成其物，随体诘诎”，即把物象画下来，依据物象的形状画成弯弯曲曲的线条。例如，当指一种动物时，就画出这种动物的形状，或是能体现它的某种特征。我们在之后叙述十二生肖时，会分别梳理这些动物的文字符号是如何从甲骨文，经过金文、篆书、隶书，一直发展到现在方正平直的楷体的，有些动物没有发现甲骨文和金文，但也经过了从篆到楷的发展过程。我们可以看到同一生肖动物的多种字形基本上是一脉相承的，文字的传承是我们这个统一的多民族国家生生不息的重要原因之一。

《诗经》作为我国第一部诗歌总集，收录了西周初年至春秋中叶（公元前11—前6世纪）的诗歌，共305篇。这些诗歌内容丰富，反映了当时人们生活的方方面面，还包括天象、地貌、动物和植物等。十二生肖也在《诗经》中出现，反映了它们在当时人们生活中的用途和象征意义，本书多有引用。

《山海经》成书于战国时期至汉初，记录了上古时期的地理、历史、神话、天文、动物、植物、医学、宗教，以及人类学、民族学、海洋学等方面的内容，是一部反映上古时期社会生活的百科全书。由于它记录了上古时期先民的生活状况与思想活动，我们可以从中摸索到一些那个时期的文明与文化发展的状态，本书在推测上古时期人们的动物崇拜时亦常援引。

清代的《清宫兽谱》是一部图文并茂的兽类动物图志，由当时著名的宫廷画家余省、张为邦于乾隆十五年（1750年）

开始绘制，乾隆二十六年（1761 年）完成，前后历时 11 年。书中绘有瑞兽、异兽、神兽以及各种普通动物 180 幅，并用汉、满两种文字对每种动物的名称、习性与生活环境等作了详细说明。画家描绘的动物均置于野外的自然环境下，画面重点突出动物，但也会搭配自然风景，因而颇有中国特色。《清宫兽谱》中描绘的生肖动物有鼠、牛、虎、兔、马、羊、猴、狗、猪等 9 种，缺少了在地上蜿蜒爬行的蛇、在天上腾飞的龙，以及栖埘报晓的鸡，当时的人们可能认为这 3 种动物与兽无关，因而没有在书中体现。本书有用到《清宫兽谱》的动物图像。

五大破案手段

动物考古学是一门对考古遗址出土的动物遗存进行科学研究的学科。在本书中，我将从动物考古的视角，讲述十二生肖的起源、发展，以及它们在人类生产、生活和文化中所起的作用。

十二生肖中，除了龙是古人虚构出来的动物，其余十一种，即鼠、牛、虎、兔、蛇、马、羊、猴、鸡、狗、猪，我们均在考古遗址中发现了相关的骨骼。

动物考古学的研究过程大致可以概括为：首先采集动物

遗存，进行种属部位鉴定、测量和定量统计。然后对其进行碳 14 年代测定、古 DNA 分析、碳氮稳定同位素分析和锶同位素分析。我们可以简要地了解一下各种分析手段。

动物遗存的采集与分析

在考古发掘过程中，作为研究人员，我们会按照古代的房址、墓葬、窖穴、灰坑、文化层[①]等遗迹单位，手工收集肉眼可见的动物遗存；同时，还要抽取房址、窖穴、灰坑、墓葬等遗迹的土样进行过筛，以获取其中的动物遗存。因为有些动物的骨骼十分细小，如果不对土壤进行过筛，就很容易漏掉，从而影响到我们对古人和动物相互关系的全面认知。

取得动物遗存之后，我们会在发掘工地或实验室里，用水将动物遗存表面清洗干净，以便看清其形态特征。把动物遗存上残留的特征点和痕迹尽量清楚地显示出来，对于后续的鉴定和研究非常重要。比如我们在尉迟寺遗址（位于安徽省亳州市蒙城县，距今约 4800—4000 年）的一座墓葬里发现了随葬猪骨，包括一块下颌、一块股骨关节，以及一些趾骨。经过清洗后，我们能看到股骨关节的断裂处有明显的人工砍砸痕迹，而且这些痕迹并非新碴，证明当时这块股骨是被古人砍断后放入

① 为考古术语。指古代遗址中，因古代人类活动而残存下来的包含遗迹、遗物的土层堆积。每一层都代表着一定的时期。

墓中的；另外，我们对那些趾骨进行了拼凑，发现是属于一只完整猪蹄的骨骼，可见当时人们是放进了一整只猪蹄。在墓主下葬时，放入一块猪下颌、一块股骨关节及一整只猪蹄，这似乎能表达某种象征意义，即拿猪头、猪腿、猪蹄代替全猪随葬，不至于将太多可食用的肉放在墓里烂掉。这样做，既表达了心意，又不会过于浪费肉食资源，可谓一举两得。

清洗完动物遗存后，我们要注意对破碎的动物遗存，尤其是存在新的破碎痕迹的动物骨骼进行收集。随后，我们要对这些破碎的遗存进行重新拼对粘接，最后拼对出来的动物骨骼越完整，骨骼上的特征点就越多，在鉴定它们属于何种动物的哪个部位时就越迅速和可靠。比如我们在整理班村遗址庙底沟二期文化（距今约 4900—4000 年）出土的动物遗存时，发现其中一个灰坑里有许多动物骨骼，凌乱而破碎，但里面不少碎骨是可以拼对起来的。经过拼对，最后我们发现这些骨骼分属于 7 头年龄大小不一的猪，由于骨架基本完整，推断这些猪是专门埋葬的。时任中国历史博物馆馆长的俞伟超教授陪同中国地质学泰斗刘东生院士到班村遗址视察工作，看到我拼对出来的 7 具猪骨架，印象深刻。回京后，俞教授兴奋地给我打电话表示：数十年来，考古研究人员一直很重视拼对遗址中出土的陶片，以求拼出完整的器物，但拼对动物骨骼，却是从你开始的。

考古学者在这个埋有猪骨的灰坑边上又发现了一个同时期

的祭祀坑，里面出土了人的头骨，这些头骨上还发现有拔齿的情况——在以往，这种情况仅发现于东部沿海地区的考古遗址中，据此我们推断，这些头骨可能是某种战利品，或者是两个地区的人们相互交往的特殊礼物。把这些属于同时期且位置相邻的土坑中发现的特殊现象结合到一起来看，我们可以推测，在4000多年以前，生活在河南西部的古人，用东部沿海地区具有拔齿习俗的古人的头骨在这里举行了宗教性活动，同时仪式中还使用了7头猪。

拼对完骨骼，我们就要开始做鉴定和测量等形态学方面的研究了。鉴定和测量的内容主要包括：确认这些骨骼属于什么动物，是动物的哪个部位，左侧还是右侧，这只动物的年龄多大，形体如何，雌雄认定，骨骼上有无病变、人工痕迹，等等。这样，我们就能够了解到，考古遗址出土了哪些动物，数量有多少，年龄结构如何，性别比例如何，是否有被人役使的痕迹等，继而探讨古人获取肉食的方式是渔猎还是饲养，效果如何，是否以及如何将动物用于祭祀与随葬，是否把动物作为劳役或骑乘的工具等，利用科学手段和实证资料还原历史，讲述一个个古人与动物同行的故事。

碳14测年，确定样本所属年代

碳14测年，又称碳14年代测定法，是根据含碳样本中碳

14 的衰变程度来计算其所属年代的测量方法。碳 14 测年是考古学研究的基本方法，常用于测定古代遗物的年代。

碳是一种元素。在自然界中，碳原子有 3 种同位素，分别是碳 12、碳 13 和碳 14，其中碳 12 和碳 13 是稳定同位素，碳 14 是放射性同位素，特点是不稳定，有弱放射性。碳 14 是通过宇宙射线撞击空气中的氮原子产生的，一旦产生，就会和大气中的氧气结合，形成二氧化碳。这些二氧化碳进入空气中，被地球上的植物通过光合作用吸收，碳 14 也随之进入植物体内；食草动物通过吃掉这些植物，吸收了这些碳 14；食肉动物又通过吃掉食草动物吸收碳 14。同时，碳 14 持续发生衰变。吸收，衰变，减少，如此不断循环，动植物体内的碳 14 含量始终保持平衡。一旦动植物死亡，光合作用等新陈代谢活动就会停止，它们不再吸收外界的碳 14，而其体内储存的碳 14 却会不断地衰变和减少。碳 14 的半衰期约为 5730 年，也就是说在 5730 年后，动植物体内碳 14 的含量就会减少一半。把动植物死去的这一刻当作"计时零点"，定义这个时候它们体内的碳 14 的含量为 100%，那么随着时间的推移，经过 5730 年，碳 14 的含量会减少到动植物死亡时的一半。于是，通过检测含碳样本中碳 14 的含量，再依据碳 14 的衰变规律，我们就可以计算出样本死亡时的大致年代。

在动物考古学研究中，我们一般对动物骨骼进行碳 14 测年，目的是确认其绝对年代是距今多少年或公元前多少年，保证后续研究在年代上的科学性。例如，夏朝都邑二里头遗址（位于河南省洛阳市偃师区，距今约3800—3500年）出土了许多猪骨，这些猪骨分别散布在遗址的不同地层。通过对不同地层的猪骨进行碳14年代测定，我们就能确认其所处年代在公元前1750至前1500年之间，这就是二里头遗址从开始建造到最后废弃的年代。我们可以对这个年代范围内的猪骨再进行形态和数量上的比较研究，进一步了解当时人们饲养家猪的大致情况。

古DNA分析，确定样本的遗传特征

DNA是生物细胞内携带着全部遗传信息的一种核酸分子。古DNA分析是通过获得古代生物遗体或遗迹中残存的生物体DNA片段，来认识被测试样本的遗传信息，包括物种、性别、谱系、血缘关系等。另外，还可以根据这些信息推测被测试样本的表型特征。

生物的基因组由细胞核中的DNA和细胞质中的线粒体DNA共同组成。细胞核中每一对常染色体都有一条来自父方，一条来自母方，两条染色体在遗传过程中会发生部分交换，从而完成遗传学上的基因重组。经过多次重组，祖先的信息以片段的形式保留下来，传递给后代，因此，每个动物个体都会完整记录所有祖先的遗传历史。哺乳动物的 Y 染色体只在父子间传递，呈现严格的父系遗传，构成了父系遗传系统。细胞质中的线粒体 DNA 则由母亲传递给子女，构成母系遗传系统，绝大部分情况下，线粒体 DNA 遵循严格的母系遗传。有些生物是单性生殖，其遗传系统（线粒体和 Y 染色体）没有发生重组，但在其一代代的血缘传递过程中也会产生遗传突变，这种遗传突变的积累，会使得在系统发育树中，血缘越疏远的个体序列差异越大，分支长度也越长。结合分子钟，就可以计算不同个体的分化时间。科学家根据基因变异的组合，分出单倍型、单倍群和谱系。一个 DNA 序列就是一个单倍型，一组有相同特点的单倍型形成一个单倍群，一组有相同特点的单倍群形成一个谱系。表型特征与特定基因有不同程度的对应关系。体重、智力和身高等在一定程度上受众多微效基因的影响，同时也容易受环境因素的影响；血型、眼睛颜色等仅受几个等位基因影响，而且很少会被环境改变。

因此，通过对动物遗存开展古 DNA 分析，可以准确判断动物的性别、谱系、同一种动物多个个体之间的血缘关系、动物的一些表型特征，对定量研究动物的起源、演化和杂交等问题大有帮助。雍山血池遗址（位于陕西省宝鸡市凤翔区）是秦汉时期的国家级祭天场所，该遗址的发掘被评为“2016 年度全国十大考古新发现”。我们对这个遗址出土的 26 匹马的骨骼进行了全方位的动物考古研究，经过古DNA研究，我们确认这些马骨的线粒体DNA的多样性非常高，可以分为A、B、C、D、E、F等6个不同的谱系，进一步划分为11个不同的单倍群。由此，即便马已只剩骨殖，去今甚远，我们还能够准确而清楚地知道，2000多年前的这些马的母系来源复杂；当中有18匹公马，8匹母马；马的毛色以栗色为主，还有骝色和黑色；体形偏小，耐力较强，不擅于短跑等。这么一来，对于秦汉时期国家级祭祀活动所需马匹的来源，选取标准如何等，便有了更具体而深入的把握。

碳氮稳定同位素分析，获悉样本的饮食情况

碳氮稳定同位素分析主要是对被检测样本所含的碳13和氮15进行分析，来揭示人和动物生前的饮食情况。碳13和氮15在生物体内的含量通常分别用其与一种标准物质的比较值来表示，即 $\delta^{13}C$ 和 $\delta^{15}N$。这个方法的基本原理是，人和动物的 $\delta^{13}C$ 和 $\delta^{15}N$ 取决于食物的 $\delta^{13}C$ 和 $\delta^{15}N$。

自然界的植物各有不同的光合作用途径，包括3种。第一种是卡尔文途径。采取这种途径的植物，在进行光合作用后获得的最初产物是一种含有3个碳原子的化合物，所以这类植物被称为“碳三植物”（C_3 植物）。C_3 植物中与人类生活关系密切的有水稻、小麦等。第二种是哈奇–斯莱克途径。采取这种途

径的植物，在进行光合作用后所得的最初产物是含有4个碳原子的化合物，所以这类植物也被称为“碳四植物”（C_4植物）。与人类生活关系密切的C_4植物有小米、玉米、高粱等。第三种是少数多汁植物所遵循的被称为“CAM”的光合作用途径，CAM类植物包括菠萝、甜菜、仙人掌等，这些与动物考古学研究关系不大。

发生光合作用的植物作为食物进入动物体内，动物如果长期食用某类植物，其体内就会富集相应的$\delta^{13}C$。动物体内的$\delta^{13}C$值与所食植物的$\delta^{13}C$值并不完全一致，这是因为在消化和吸收的过程中，动物的身体组织会对植物有分馏效应。实验表明，动物体肉质部分对所食植物的分馏效应约为1‰，骨胶原部分约为5‰，而皮肤部分则可能富集得更多一些。

人或其他动物体内吸收的氮主要有两个来源：一是通过食用豆科植物，二是通过食用非豆科植物、陆生动物、淡水鱼类、海洋生物等食物。

豆科植物均为C_3植物，这类植物的$\delta^{15}N$值为0—1‰。非豆科植物的$\delta^{15}N$值比豆科的高一些，约为3‰。海洋或陆生动植物的$\delta^{15}N$值一般与营养级有关。海洋哺乳动物的$\delta^{15}N$值约为15‰，陆生食肉动物的$\delta^{15}N$值约为9‰，陆生食草动物的$\delta^{15}N$值约为6‰。每一营养级之间$\delta^{15}N$值的差别为3‰—5‰。

在动物考古学研究中，我们用于进行碳氮稳定同位素分析的标本一般是骨骼，目的是探讨动物的食物结构，为判别家养动物和野生动物提供依据，继而认识古人饲养家畜的方式。比如，我们对雍山血池遗址的马匹进行碳氮稳定同位素分析，发现有些马的食物以 C_3 植物为主，有些马的食物以 C_4 植物为主，还有一些马的食物则介于 C_3 植物和 C_4 植物之间。这些马匹的食物之所以如此多样化，可能与这些马匹征集自喂养草料种类不同的地区相关。在动物各个部位的骨骼中，肋骨的代谢速率高于其他骨骼，因此，肋骨的同位素比值代表了个体生前最后阶段的饮食情况。我们对雍山血池遗址的某匹马进行了碳氮稳定同位素分析，发现肋骨的碳同位素比值高于其他骨骼，这证明其生前最后阶段的食物中 C_4 植物的比例明显增加。因此，我们可以推测，这些马被征集到血池后，在宰杀前的最后阶段被喂食了大量粟、黍等 C_4 植物草料。这种推断在史料中能找到支撑——《周礼》中将诸侯献给帝王的祭祀用动物称为“祀贡”，要“系于牢，刍之三月”，即从各地征集来的祭祀动物，宰杀前要在特殊场所中饲养一段时间。这些研究结果，有助于我们了解当时的祭天用牲征集自何处、喂养何种饲料等。

锶同位素分析，得知样本的迁移情况

锶（Sr）至少有 12 种同位素。^{88}Sr、^{87}Sr、^{86}Sr 和 ^{84}Sr 是

其中 4 种含量最高的稳定同位素。确认 $^{87}Sr/^{86}Sr$ 的比值是开展锶同位素分析的重要方面。当岩石风化形成土壤后，生长在这些土壤中的植物就会获得这些岩石的 $^{87}Sr/^{86}Sr$ 比值；食用这些植物的食草动物会把锶同位素摄入并保存在牙齿和骨骼中，吃了这些食草动物的食肉动物也一样。因此，如果不同地区 $^{87}Sr/^{86}Sr$ 比值有差别，这种差别自然就会体现在动物体的牙齿和骨骼当中。

相比动物骨骼容易受到埋葬环境的污染，动物乳齿或恒齿的牙釉质在形成后，结构不再发生变化，其中的锶同位素组成也不会发生改变，因此牙釉质的 $^{87}Sr/^{86}Sr$ 比值记录着动物乳齿或恒齿形成时期生活地区的锶同位素比值。国外学者通过一系列研究认为，用遗址出土的动物的牙釉质 $^{87}Sr/^{86}Sr$ 比值的平均值，加上 2 倍获得一个数值，再减去 2 倍获得一个数值，这两个数值之间的范围可以反映当地的锶同位素状况。与其他动物相比，老鼠一般是在当地土生土长的，因此，老鼠的牙齿是建立当地锶同位素标准的最理想标本。如果没有老鼠标本，则可以从古代遗址出土的家猪骨骼中，选择至少 5 只 1 岁左右的家猪骨骼，用它们的牙齿进行测试。因为在古代，家猪往往是在当地饲养的，带有明显的当地标记。

将遗址出土的各类动物的牙釉质，与遗址当地锶同位素标准做对比，便可以判断这些动物的居住地是否发生过变化，继而推断个体在生长过程中是否发生过迁移。如果不一致，则表明该个体是从其他地区迁移到遗址当地生活的。动物的迁移往往与人群的文化交流密切相关，因为动物一般不会主动长途跋涉，而主要是受到了人类的控制和干预。同样是雍山血池遗址出土马匹，通过锶同位素研究，发现这些马的锶同位素比值明显高于当地的锶同位素标准比值，且这些马个体之间的锶同位素比值也存在显著差异，这表明这些马是从遗址以外的不同地区迁入的。从锶同位素比值等值线图上可以看出，与这些马的锶同位素比值相近的地区距离雍山血池遗址都超过 100 千米。这个研究结果也证实了前面在开展古 DNA 研究、碳氮稳定同位素分析时得出的马匹征集自不同地区的结论，反映出秦汉时期具备高效地调配祭祀用牲的管理系统。

把对雍山血池遗址出土的动物遗存的动物考古学研究结果归纳到一起，我们便可以得知秦汉时期的祭天仪式中征集、饲养和使用马牲的情况。司马迁曾跟随汉武帝出巡，祭祀天地神灵和名山大川，他把这些经历都详细地记录在了《史记·封禅书》中，但关于祭祀用的祭器、圭玉布帛、祭品、酬报神灵的礼仪等，则由有关的主管部门记录，即“至若俎豆珪币之详，献酬之礼，则有司存”。到了今天，我们依旧能读到被称为“史家之绝唱，无韵之离骚”的《史记》，而当时由主管官员记载的与祭祀相关的其他内容却湮灭在历史长河之中，无人知晓其真貌。就这点而言，在重现秦汉时期祭天用牲的史实方面，动物考古学是做出了独到贡献的。

有了以上种种科学的手段，加之古人留下来丰富的图像、文字资料，我们终于可以正式开始，对生肖动物作一个全盘的回溯了。

第一章

瘟疫的来源，医学的助手

十二生肖里排在首位的鼠，俗称“耗子”，属于哺乳纲、啮齿目、鼠科。啮齿目是哺乳动物中数量最多的目，共有 2277 种，占哺乳动物物种总数的 40% 以上；其中，鼠科下有 500 多个种类。啮齿目的上下颌只有一对门齿，喜欢以门齿啃噬食物，所以它们又被称为“啮齿动物”或“啮齿类”。

啮齿动物在形态上有两个基本特征。第一，门齿发达，没有齿根，终其一生都不断地生长。上下门齿需要经常啃噬东西，特别是较硬的东西，使之发生磨损，以保持一定的长度，不至于因生长过长或卷曲而阻碍进食。这个过程叫磨牙，因为经常磨牙，啮齿动物的牙齿通常比较尖利。我们常见到老鼠咬坏家具、电线便是它们磨牙的结果。第二，门齿与臼齿之间无犬齿，中间留下较长的齿虚位。有学者认为，这是因为啮齿动物需要在进食时让眼睛保持对敌害的观察，所以脸部拉长，导致门齿与臼齿之间出现空缺。门齿发达和无犬齿但有较长的齿虚位，是啮齿动物区别于大多数哺乳动物的特征。

大部分啮齿动物的繁殖能力都很强，老鼠亦然。它们一般生下来几个月就达到性成熟，可以进行交配和产子。老鼠的妊娠期为20至30天，每年可繁殖数次，每次产仔数量也比较多，平均下来能有大约10只，小鼠生下来20天左右就能独自觅食。在生活习性上，老鼠擅长打洞，一般昼伏夜出，警惕性很强。老鼠的食性也复杂，几乎什么都吃，还喜欢把食物拖回洞里储藏起来。

种属数量多，繁殖力强，能够适应各种环境，这应该是老鼠成为地球上最古老的居民的主要原因。

与北京猿人同龄的鼠

地质学家和古生物学家根据地壳中不同的地质时代地层的具体形成时间和顺序建立了地质年代，这个年代是阐述地球历史的时间表。我们现在的地质年代属于全新世，从11700年前开始至今。在全新世之前的地质年代是更新世（从距今约258万年前开始至11700年前），更新世持续了200多万年。

更新世的生物群比较接近现代的状态，许多现代属于“属”一级的生物，在早更新世就已经出现。北京城外50千米的周口店遗址（年代上属于距今数十万年的中更新世），以发现北京猿人化石而闻名于世。除了北京猿人化石，周口店遗址还发现了与现在的田鼠属和家鼠属相似的鼠类化石。

不过，在更新世的漫长时间里，这些鼠类的栖息环境、种群结构都存在差异。自全新世以来，特别是在新石器时代栽培农作物的技术产生并逐渐推广之后，人类有了稳定的食物来源，学会了储存和加工食物，开始长期定居某地并形成固定的居住地群落，人口数量开始增加。鼠类迅速适应以上种种变化，成为人类生活的伴生物种，甚至进入人类的居室中活动，还伴随着人类的迁徙而扩散到各个地区。

中国大地上的考古遗址有数万处。迄今为止，动物考古学家对中国数百处新石器时代遗址出土的动物骨骼进行过定性定量分析，但没有发现多少含有鼠类骨骼的遗址。这主要是因为以前在采集考古遗址出土的动物遗存时，仅仅是采集肉眼看到的动物骨骼，对遗迹的土壤往往没有使用水洗筛选或过筛。由于鼠类的骨骼十分细小，最大的头骨或肢骨的长度也仅有 1 厘米左右，如果不在考古发掘过程中对遗迹的土进行水洗筛选或过筛，基本上不可能发现鼠类的骨骼。

前些年，考古队伍对各个遗迹单位的土壤进行了水洗筛选，因而考古学家发掘西城驿遗址（位于甘肃省张掖市，距今约 4100—3800 年）时，除了发现土坯房址、小麦遗存、绵羊骨骼和冶金遗迹等具有西亚特色的物质遗存，还发现了比较多的鼠类骨骼。这使我们想到两个问题。第一个便是印证了上述对遗址土壤进行水洗筛选的重要性。通过水洗筛选，可以发现肉眼不容易看到的细小的动物骨骼和牙齿，帮助我们尽可能完整地获取古人与动物相互关系的信息。第二个是要科学地判断这些出土的鼠类骨骼是否形成于遗迹单位的形成时期。鉴于老鼠擅长打洞，我们不能排除后来的鼠类钻到数十年、数百年乃至数千年前的遗址中的可能性。

动物考古研究包含科技考古的内容，即需要借助多种自然科学的仪器设备和方法，对考古遗址出土的标本开展多方位的研究。与以往的考古学研究方法相比，科技考古的重要特征之一就是特别强调科学性。使用多种仪器设备，有些还是高精尖的仪器设备，便是科学性的保障之一。即便如此，我在给学生们授课时总是要强调，手铲过去是、现在是、将来必定还是考古学家认识古代历史的重要工具。考古永远不可能离开发掘，在发掘过程中，常常要用手铲刮削地面，通过留意观察土色和土质的差异，找出遗迹的形状，判定相互叠压的几个遗迹的先后顺序，然后按照从晚到早的顺序进行发掘。在刮削地面的过程中，有时就会发现鼠洞的痕迹，这些鼠洞深度可达 1 米以上。

因此，为了保证结果的科学性，利用碳 14 年代测定法来确认出土的鼠类骨骼的年代十分必要。如果这些老鼠的骨骼不属于遗址所属的年代，而是后来打洞钻进去的，那就不能用来开展与遗址相关的研究了。二里头遗址是中华文明早期发展过程中的重要遗址，依据迄今为止的考古学研究结果，在这个遗址中发现了中国年代最早的一批遗存，包括宫城、“井”字形大道、中轴线布局的宫室建筑群、车辙、官营手工作坊区、铸铜作坊和绿松石器制造作坊、青铜礼器群等。我们在发掘过程中，通过对土壤进行过筛，发现了褐家鼠的骨骼，碳14年代的测定结果也证明这些骨骼是属于二里头时期的（图1-1-1、图1-1-2），这有助于我们确定当时已存在人鼠共生的现象，同时也是我们确定二里头时期当地锶同位素比值的重要依据，为研究文化交流创造了重要条件。

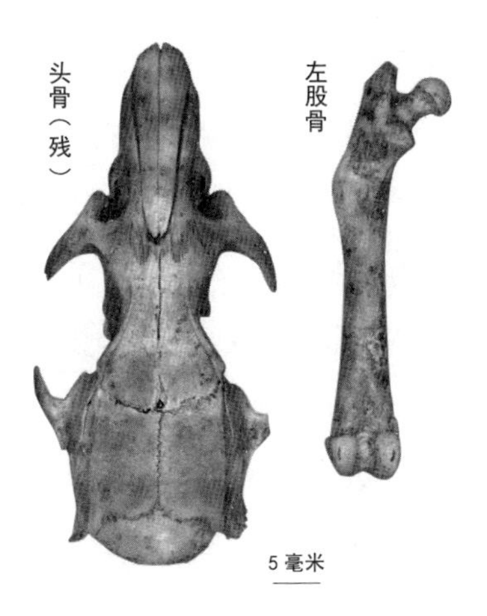

图1-1-1　河南洛阳二里头遗址发现的褐家鼠的骨骼

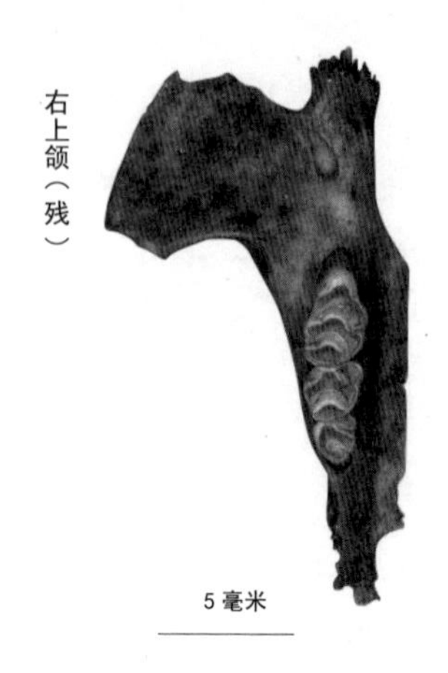

图 1-1-2　河南洛阳二里头遗址发现的褐家鼠的骨骼

在考古遗址中发现鼠类的最典型实例是满城汉墓（位于河北省保定市）。满城汉墓是西汉中山靖王刘胜夫妇的陵墓，刘胜乃汉景帝刘启之子，汉武帝刘彻的异母兄。这座汉墓依山而建，其中出土了近万件铜、铁、金、银、玉石、陶、漆器和丝织品类珍贵文物，例如金缕玉衣、带盖鎏金银蟠龙纹铜壶、错金铜博山炉、长信宫灯等。除了以上这些珍贵文物，考古学家和动物学家还在这座汉墓随葬的两个陶瓮中，各发现了岩松鼠130只和社鼠约30只（图1-2），共计岩松鼠260只和社鼠约60只；在其妻窦绾墓随葬的两个陶罐中，又各发现社鼠约70只和褐家鼠约30只，共计社鼠约140只和褐家鼠约60只。另外，考古学家还在窦绾墓随葬的一个陶壶里发现了社鼠约50

图 1-2 河北保定满城汉墓含鼠类遗骸的陶瓮

只、褐家鼠 25 只、大仓鼠 25 只。不同于其他鼠类一年中可以繁殖多次，岩松鼠一年只能繁殖一次，所以数量有限。在两个陶瓮和其他陶器中发现的数量一致的岩松鼠等鼠类，应该是有意放置的随葬品，而不是后来钻进去的。考古学家认为，这似乎反映出刘胜夫妇生前喜欢食用小型哺乳动物，以至于死后在墓穴里随葬了岩松鼠、社鼠、褐家鼠和大仓鼠等数量众多的鼠类。

属于新石器时代的五庄果墚遗址（位于陕西省靖边县，距今约 5000—4800 年），出土了刺猬、褐家鼠、三趾跳鼠、中华鼢鼠、草兔、狗、豺、黄鼬、草原斑猫、马、家猪、黄羊等 12 种哺乳动物。科技考古研究人员通过对出土的家猪、狗、鼠、草兔等动物进行碳氮稳定同位素分析，发现褐家鼠以 C_4 植物为主食，它们的 $\delta^{15}N$ 值较高，反映出营养级别较高。北方地

区的自然植被以 C_3 植物为主，C_4 植物在自然植被中所占的比例极小，几乎可以忽略不计。碳氮稳定同位素分析证明，考古遗址中发现的小米是属于 C_4 类的。因此，在古人和古动物的骨骼中发现他们以 C_4 植物为主食，推断其生前长期食用的就是小米。褐家鼠的碳氮稳定同位素特征与这个遗址出土的野生草兔以 C_3 植物为主食、$\delta^{15}N$ 值较低的特征明显不同，而与这个遗址出土的家猪和狗的食谱十分相似，家猪和狗是当时的人饲养的，反映出褐家鼠很可能在当时扮演了偷食者的角色。科技考古研究人员用科学的证据证明，在 4000 多年前，五庄果墚遗址就已经存在与古人的生活密切相关的鼠类，这为我们探讨古人与鼠类互动的历史提供了新的信息。

除了认识鼠类的食谱，鼠类骨骼还是开展锶同位素研究的最佳样本。国际考古界普遍认可把鼠类的锶同位素比值作为当地锶同位素的最佳标尺，因为鼠类土生土长的概率最高，而人与家养动物都有可能通过文化交流和迁徙的方式出现在其他聚落中。

同样属于新石器时代的瓦店遗址（位于河南省禹州市，距今约 4200—3900 年），面积大约为 100 万平方米，人们在其中发现了城墙、大型环壕、大型夯土建筑基址，夯土中还残存有数具用于奠基的人牲遗骨，以及精美的陶酒器、玉鸟、玉璧、玉铲和卜骨等人工遗物。此外，遗址还出土了鼠、豪猪、兔、狗、鼬科、野猪、家猪、梅花鹿、黄牛、绵羊等10种哺乳动物。

科技考古研究人员对这些动物骨骼进行了锶同位素研究，又测定了瓦店遗址出土的鼠类骨骼的锶同位素比值，再比对其他的猪、黄牛和绵羊的锶同位素比值，发现大多数的猪都是当地土生土长的，但其中也有两头猪以及黄牛、绵羊是从外地迁入的。特别有意思的是，对这两头外来猪进行碳氮稳定同位素分析后，人们发现它们均以 C_3 植物为食，$\delta^{15}N$ 值也不高。另外，动物考古学家发现这些猪在形体特征上可归入野猪的范畴，这种动物是古人通过狩猎捕得的。这证明当时野猪的活动范围，已经明显超出人的居住地。而黄牛和绵羊的锶同位素比值又与野猪的相差较大，它们的出生地似乎在更远的地方。这个认识对于考古学家研究瓦店遗址当时存在的文化交流具有重要的启示价值。

在中华文明的起源和发展过程中，文化交流与融合不断地上演。以往的考古学家一般是通过对有明显考古学文化类型特征的人工遗物进行考察，依据遗物的形状和特征的相似与否来推断是否出现过文化交流与融合，继而开展研究。古代的文化交流与融合包括人群的直接交流与融合，人工物品的交流，以及动植物的交流等。尽管我们现在尚无法深入探讨古代人群之间思想的碰撞和影响，但通过对人骨和家养动物骨骼进行科学探讨，为确认文化交流与融合提供了具有充分说服力的新证据。从这个角度说，获取各个地区的考古遗址出土的鼠类骨骼，以确定当地的锶同位素比值，再建立大范围的数据库，是科学研究古代文化交流与融合的重要基础，具有十分重要的意义。

破坏者与子嗣兴旺的象征

中国古代涉及各类动物造型的文物很多，并且各有特色，但与鼠有关的却不多，即便有所创作，形象上也比较单调，这反映了古人并没有刻意去塑造老鼠的形象。这可能与鼠在人类生活中总是扮演着偷食者、破坏者等惹人讨厌的角色有关。

西周时期的虢国墓地（位于河南省三门峡市）发现于20世纪50年代，经过了两次规模较大的发掘，共发掘了250多座墓葬，出土了大量玉器、青铜器。其中，编号为M2009的虢仲（虢国国君）墓的发掘成果入选“1991年度全国十大考古新发现”。这座墓出土了4600多件随葬器物，其中有一件玉鼠（图1–3），长2.6厘米、高1.2厘米、宽0.9厘米，材质为微透明的豆青色玉石，大部分受沁①，呈黄褐色。玉鼠为立体圆雕，呈伏卧状，以阴线刻出头、足和短尾。其中圆眼凸起明显，背部弧线流畅，曲爪附地，身饰卷云纹。这是迄今为止发现最早的特

① 在土里埋藏过久的玉器，往往会受到土壤的酸碱度、密封性、温度、湿度和有机物腐烂等物理、化学环境因素的影响而发生质和色的变化，这种现象就叫“受沁”。

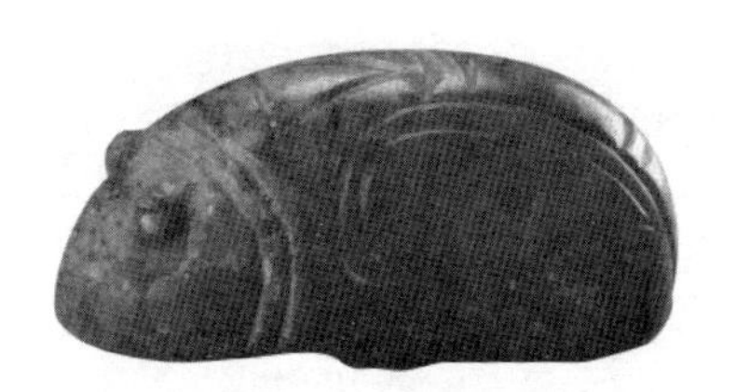

图 1-3　河南三门峡虢国墓出土的玉鼠

征明确的鼠形文物。对考古学家而言，出土的各种遗物，无论是制作精美的器物，还是破碎的陶片，都有重要的学术价值，可以从中读取各种信息。但从文物收藏的角度而言，文物是有级别的。国家文物局制定了明确的标准，依据不同的历史、艺术和科学价值，把文物分为珍贵文物和一般文物。珍贵文物根据重要程度的递减分为一、二、三级。虢仲墓的这件玉鼠因为年代较早，造型独特，做工精细，被定为二级文物，而其之所以不能被定为一级文物，据说就是整体尺寸太小了。

考古学家在四川的郪江流域发现了大量汉代崖墓群。这个地区的古人“斩山为廊，穿石为藏”，在山崖上建造墓穴。崖墓内往往刻有壁画，题材多为人和动物的形象、花草、武器等，其中有一幅颇为有名的狗咬耗子图（图 1-4）。在这幅石刻中，狗呈蹲坐于地状，前腿伸直，后腿蜷起；耳朵竖起，瞋目张嘴，口中叼着一只老鼠，老鼠的尾巴自然下垂，似乎已经一命呜呼。狗的上方还蹲坐着一只猴子，前肢曲起，手掌托腮，

图 1-4　四川郪江流域汉代崖墓中的狗咬耗子图

胳膊肘正好撑在后肢蜷起的膝盖上，似乎在冷眼旁观。这幅狗咬耗子石刻并非孤例，山东省沂南县北寨村出土的东汉画像砖上也有狗咬耗子的画面（图 1-5）。汉代的画像砖是祠堂、墓室用的装饰画砖，有用模型印制的，也有的直接刻在砖上，有的还设色傅彩。内容上往往主题多样，构图多变，造型简练生动，深刻反映汉代的社会风情和审美风格。北寨村东汉画像砖上的狗咬耗子图，可见一张双层几案底下，有一只四肢匍匐的狗，它的眼睛圆睁，嘴巴紧闭，做出一副下一刻就要一跃而起、擒获对面那只畏惧瑟缩的老鼠的姿态。从这两幅图来看，老鼠无疑在人们心目中扮演着不讨喜的角色，毕竟它对农业生

图 1-5　山东沂南画像砖上的狗咬耗子图

产和食物都会造成巨大的破坏，必须除灭。而“狗拿耗子，多管闲事”只是今日为人熟知的俗语，蓄猫捕鼠，是进入唐代以后才日渐风行的“常识”，在汉代，“狗拿耗子”的传统却比“猫抓老鼠”更悠久。如《三国志·魏书·曹爽传》注引《魏略》载曹操评丁斐的话说：“我之有斐，譬如人家有盗狗而善捕鼠，盗虽有小损，而完我囊贮。”便已可见一斑，况且早于秦代，《吕氏春秋·士容论》中还有“齐有善相狗者，其邻假以买取鼠之狗”的寓言故事。

古代最为多见的鼠的艺术造型还是生肖鼠，比如唐代十二生肖陶俑里的鼠俑（见拉页）。这具鼠俑为鼠首人身，身披宽袖长袍，双手相交于胸前。广州市动物园唐代砖室墓 M1 出土的鼠俑也是生肖俑（图 1-6）。该鼠俑整体呈盘腿而坐状，上身直立，双手交叉，以右手握住左手大拇指，左手其余四指紧

图 1-6　广州市动物园唐代砖室墓鼠俑

贴于胸前。鼠俑的衣着为唐时普通百姓的打扮：头戴两角形幞头，身穿团领袍服、窄袖，腰间束带，袍服上刻画出明显的褶皱。清代还有用玉雕成的生肖鼠，为鼠首人身像，整体作一足曲起、一足盘坐状，它身穿广袖长袍，右手握有一卷轴，其两目圆睁、耸耳低首的神态颇显鼠类的警觉。

清代还有一只铜制的抱栗鼠，此鼠全身黑色，头大、眼圆、耳竖、吻尖，唇边还刻有胡须（图 1-7）。老鼠的前肢粗短，双爪抱有一栗子；后肢肥硕，后爪贴地，呈蹲坐状；尾巴细长，呈环节状；全身皆刻有密集的鼠毛。整体看上去栩栩如生，就像是一只偷取人类食物的贪吃鼠。清代最著名的铜鼠当是原圆明园十二兽首铜像中的鼠首（图 1-8），只见它双耳竖起，双目圆睁，腮帮鼓起，口鼻之间有数个小孔。2013 年，法国的皮诺家族向中国无偿捐赠这件因 1860 年英法联军劫掠焚

图 1-7　清代铜抱栗鼠

图 1-8　圆明园十二生肖兽首铜像的鼠首

毁圆明园而流失海外的鼠首铜像，流落异邦 150 多年的重要文物终于重回故乡。

鼠除了破坏者和生肖这两种比较有文化意涵的形象，还因其强大的生殖能力而被人们视为子嗣繁荣、人丁兴旺的象征，比较典型的代表是明宣宗朱瞻基的绘画作品《三鼠图卷》。朱瞻基除了是皇帝，还是一位书画家。他在喜得长子朱祁镇（即后来的英宗）之年，绘下了这套《三鼠图卷》，其中一幅名为《苦瓜鼠图》（图 1-9）。在这幅画中，宣宗不用墨笔立骨，而是直接以彩色作画，描绘了老鼠在瓜藤下抬头仰望头上高悬的苦瓜的场景。瓜有多籽，鼠在地支中被称为“子”，瓜与鼠的组合便有了多子多福的寓意，宣宗借此画来表达自己希望今后“倍加多子”的美好愿望。

《清宫兽谱》刻画了清人眼中鼠的形象（图 1-10）。只见

图 1-9　明宣宗御画《三鼠图卷·苦瓜鼠图》

图 1-10 《清宫兽谱》中的鼠

画面上有4只毛色斑驳、拖着长尾的鼠，它们匍匐在一起，头部状态各异，似在嬉戏，又似在窃窃私语，周围疏密有当地点缀着一簇簇野草，画家以静态的画面传达出了一幅灵动、生趣的鼠之形象图。

鼠何以被尊称“老鼠”

甲骨文中的“鼠”字是典型的象形文字，它有尖嘴、长尾，还特别强调了发达的门齿和啃噬东西时散落的碎屑。金文中暂时还未发现“鼠”字。《长沙子弹库楚帛书》(乙编)、《睡虎地秦墓竹简》等战国及秦代的文献和《说文解字》的篆书中都有“鼠”字，“鼠”字从小篆到隶书，再到楷书，可看出是一脉相承的，隶书“鼠”字上方的“臼”表示的是发达的门牙，始终是“鼠”字的突出特征（图1-11）。

《尔雅·释兽》记载了13种鼠类，这里罗列一下它们的名称，括号内是按照现代生物分类学能够确定的种属、分类或

甲骨文	小篆	隶书	楷书
			 鼠

图1-11 “鼠”字的演变

特征：鼢鼠（中华鼢鼠，啮齿目）、鼸鼠（香鼬，食肉目）、鼷鼠（啮齿目，目前发现最小的一种鼠）、鼶鼠（大田鼠）、鼬鼠（食肉目，鼬科）、鼩鼠（鼩鼱，食虫目）、鼭鼠（鼠类动物）、鼣鼠（叫声如狗的鼠）、鼫鼠（可能为鼯鼠）、鼤鼠（䶉鼠，食虫目）、鼨鼠（有斑纹的鼠）、豹文鼮鼠（有豹一样的斑纹的鼠）和鼰鼠（形状如鼠，体型较大的动物）等。2000多年前的古人凭借仔细的观察，给我们留下了将鼠类区分为13种的珍贵记录，为我们追溯当时的动物种类提供了有益的启示。我们还要注意到，依照科学的界、门、纲、目、科、属、种这种生物分类学标准，《尔雅》中提到的鼠有些并不属于啮齿目，而是属于食肉目或食虫目。另外，有些鼠种现在已经找不到对应的品种了。这也是动物考古学研究今后必须努力的地方，依据考古遗址出土的鼠类骨骼，尽力还原当时的历史。另外还需注意名不正则言不顺，自然科学的分类是严谨的，外表的形似未必等同于内在一致，逻辑的统一和概念的清晰是必须贯彻始终的。

《诗经》中有许多关于老鼠的描述，例如《国风·召南·行露》记载，“谁谓鼠无牙，何以穿我墉”，意为谁说老鼠没有牙，不然它怎么能啃穿我家的墙。《鄘风·相鼠》有“相鼠有皮，人而无仪。……相鼠有齿，人而无止。……相鼠有体，人而无礼”，大意为地里的老鼠尚且有毛皮、牙齿，还有五体，这个人却不知礼仪，没有廉耻。《魏风·硕鼠》有“硕鼠硕鼠，无食我黍。……无食我麦。……无食我苗”，大意为老鼠不要吃我的禾黍，不要吃我的麦子，不要吃我的禾苗。这些诗篇都是借鼠之名，抨击贿赂官府和仗势欺人的恶人，痛斥不讲礼义廉耻的上层人物，表达了反对剥削和压迫的心声。而《豳风·七月》中的“穹窒熏鼠，塞向墐户”，意为打扫垃圾熏老鼠，封好北窗泥门扉。《小雅·斯干》中的“约之阁阁，椓之橐橐，风雨攸除，鸟鼠攸去，君子攸芋”，大意为用绳索捆扎、固定筑墙板，用力夯打土墙，不再担心风雨，远离麻雀和老鼠的侵扰，君子在这里安心居住。这些诗句则显示了那时的古人已经初步具备防鼠、灭鼠的意识和本领，努力营造适合居住的环境。在上面这些诗句中，鼠显然是不受人们待见的动物。古人虽然将鼠尊为十二生肖之首，但大家对鼠没有什么正面的评价，实在是因为鼠类干过不少有损人类利益的事，比如偷吃粮食、咬坏衣物、破坏堤坝、传播疾病等，不一而足，所以就形成了“老鼠过街，人人喊打”的局面。

鼠被称为“老鼠”，不知始于何年何月，史无明载。按中国传统习俗，长者、贤者称“老”，凡姓名前冠以“老”字者多为尊称，如“老张”“老李”……那么，鼠的称谓前何以也加上“老”字？毕竟鼠可谓劣迹斑斑。致力于民间美术的收藏和研究的学者倪宝诚认为，人类的历史仅有不到 300 万年，然而鼠的存在至少长达 5500 万年。鼠平安地度过了地球上的冰河时期，又顽强地经历了地球上数不胜数的火山爆发、洪水泛滥、地震等灾难，当世界上多种起源时间早于人类的动物因为各种原因而消失在历史长河时，鼠却安然无恙，延续至今。因此，鼠可以说是当之无愧的地球上资历最老的居民之一，在鼠之前加上“老”字，可谓名正言顺。古人还认为鼠的寿命长，北宋学者陆佃的《埤雅》记载：“鼠类最寿，俗谓之‘老鼠’是也。”

鲁迅的散文集《朝花夕拾》中有一篇《狗·猫·鼠》，他在里面回忆了童年的生活。他记得自己的床前贴着两张花纸，其中有一张表达的是老鼠娶亲，“自新郎、新妇以至傧相、宾客、执事，没有一个不是尖腮细腿”的老鼠形象，十分可爱（图 1–12）。他在正月十四的夜晚是不肯轻易睡觉的，耐心地等候老鼠娶亲的仪仗从床下出来，却始终没有如愿。事实上，老鼠娶亲这类民间传说在中国各地颇为流行，它们还有“鼠娶

图 1–12 “老鼠娶亲”的剪纸

亲”“鼠纳妇”“老鼠嫁女”的名头。这本质上是人们在正月前后举行的祀鼠活动，其情节和具体日期在中国各地小有差异。譬如在粤西地区，除夕之夜灯火不熄，并将点心、面饼等吃食置于墙根之下，谓之曰“老鼠嫁女”。事实上，“老鼠嫁女”“老鼠娶亲”等只是以供奉食物、遣送嫁妆、不熄灯火等好听的名头加以掩饰，其背后隐含着民众根除鼠患的真正愿望。其他各地的类似祀鼠活动，有的在正月初七，有的在正月二十五，不少地区是正月初十，也有的是夏历正月十四的夜半，各地不一。此外，我还记得自己小时候玩过“手绢叠老鼠”，把手绢叠过来折过去，最后从一头扯出带着双耳的鼠头，另一头拉出跟身子一般长的鼠尾（图 1-13）。一方手绢，变成一只细长的老鼠。玩得好的，还可以通过手指的活动，让老鼠在手背上跳来跳去。童年时代的所玩、所学、所思，特别是具有民族文化内涵的趣味知识和行为，往往使人终身难忘。

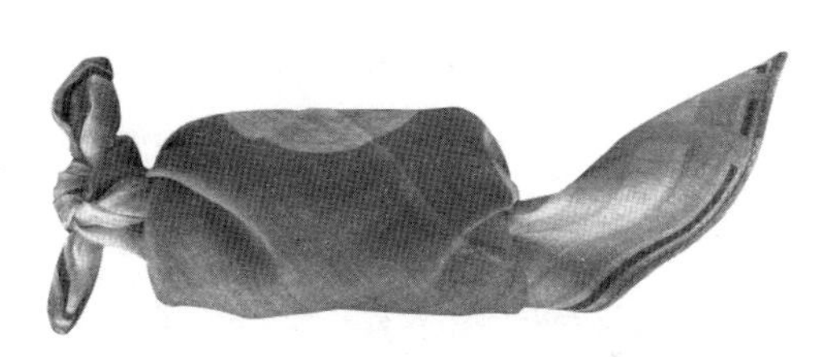

图 1-13　用手绢叠的老鼠

从麻烦制造者到医学贡献者

论到十二生肖里哪种动物对人类的负面影响最大，必属生肖之首——鼠。老鼠之所以在千百年里被人们如此痛恨，其中一个重要原因就是它们能广泛传播疾病，最典型的就是鼠疫。据史书记载，世界上发生过三次世界性的鼠疫大流行，第一次大流行发生于公元 6 世纪的东罗马帝国。当时，君士坦丁堡每天有近万人死亡，发病迅猛，传播急速，其感染范围在席卷整个欧洲后，更是越出地中海，扩散到非洲、亚洲，肆虐了两个世纪，导致全球一亿人丧生。因此次瘟疫爆发于皇帝查士丁尼在位期间，故又被称为“查士丁尼瘟疫”。鼠疫的第二次大爆发是在 14 世纪到 17 世纪初，主要流行于欧洲、亚洲和非洲，这次鼠疫有个更广为人知的名头——黑死病。此次鼠疫也是在很短的时间里横扫整个欧洲，造成至少 2500 万人死亡，最终导致欧洲总人口减少了三分之一。第三次世界性鼠疫大流行大致发生于 18 世纪末到 20 世纪中期，波及欧洲、亚洲、非洲几十个国家，死亡人数达到千万人以上，我国南方地区受灾尤其严重。据统计，历史上被鼠疫夺去生命的人数总和，已经超过人类历史上历次战争的死亡人数。

我国历史上也曾深受鼠疫困扰，最早的记载是 1644 年发生在山西省境内。1792 至 1793 年，从云南开始，我国许多省份出现了鼠疫，在云南赵州任官的师道南看到了鼠疫流行的惨状，心有所感，写下了广泛流传的《死鼠行》一诗："东死鼠，西死鼠，人见死鼠如见虎！鼠死不几日，人死如圻堵。昼死人，莫问数，日色惨淡愁云护。三人行未十步多，忽死两人横截路。夜死人，不敢哭，疫鬼吐气灯摇绿。须臾风起灯忽无，人鬼尸棺暗同屋。乌啼不断，犬泣时闻。人含鬼色，鬼夺人神。白日逢人多是鬼，黄昏遇鬼反疑人！人死满地人烟倒，人骨渐被风吹老……" 1901 至 1948 年，我国发生过 6 次较大规模的流行性鼠疫，涉及 20 多个省，死亡人数达 100 多万，其中主要疫情包括 1910 至 1911 年的东北鼠疫、山西鼠疫等。

鉴于 2019 年末开始的新冠感染全球大流行，口罩已经成为最常见的防疫物品，它的发明，据称便可追溯至 1910 至 1911 年东北鼠疫事件中的"伍氏口罩"。1910 年 10 月 25 日，东北地区的一家客栈有一名客人突然染上怪病暴毙。之后，怪病开始在当地迅速蔓延。1910 年 11 月 6 日，哈尔滨的一名铁路工人突然高烧不退，到 11 月 8 日，该名工人死亡，后被确诊为鼠疫。哈尔滨成为第一个被鼠疫袭击的东北大城市。到 12 月初，哈尔滨每日死亡人数达到 100 多人，彻底沦陷。1911 年 1 月初，长春沦陷。1911 年 1 月中旬，沈阳沦陷。仅仅 20 多天，鼠疫就传遍了整个东三省，平均每月死亡 1 万人，很多家庭都是举家暴毙，直接被疫病灭门。正是在这个危难时刻，年轻的中国医生伍连德博士被任命为东三省防鼠疫全权总医官，赶往东北主持协调鼠疫的防治工作。伍连德抗疫的第一个重大举动是发明了被称为“伍氏口罩”的棉纱口罩，他让地方政府连夜大量赶制这种口罩，并分发给所有人强制佩戴。之后，伍连德又与俄国铁路局交涉，调动1300节车厢用于隔离。伍连德还和东北总督锡良联名请求朝廷颁旨，将坟场留置的几千具尸体全部火化，彻底消灭传染源。到1911年2月20日，东三省所有采取了隔离措施的地区，死亡人数开始下降，这是疫情开始以来的首次。从1911年3月1日到3月底，整个东北再也没有出现新的死亡报告。1911年4月23日，清政府宣布东三省鼠疫肃清。东北地区防治鼠疫的成功是中国防控疾病史上的一个壮举，拉开了中国“第一次卫生革命”的序幕，是中国公共卫生的起点，而为这次防治鼠疫做出巨大贡献的伍连德博士堪称中国现代医学奠基人之一。

鼠类给人类带来了大量的麻烦和灾难，随着科学的日益进步，时至今日，鼠类的积极影响日益突出，最典型的案例就是小白鼠在医学上的应用。鼠类是体型最小、繁殖最快、最易饲养的哺乳动物，与同属哺乳动物的人在生理上有不少共同之处。因此，鼠类成为为人类健康服务的最主要的实验动物。全世界各大科研院所中饲养着数以亿计的小白鼠，它们或是作为药物试验的对象，成为新药进入临床必须跨过的门槛；或是作为疾病模型，研究各种疾病的生物学机制。几乎所有的药物、食品添加剂、美容剂和其他与人体有接触的化学品的有害性，都是依靠在老鼠身上做实验间接得出的。老鼠在中医的药物学领域也有一定的药用价值，比如老鼠肉可入药，治疗疟疾、冻疮等疾病。唐代食疗专家孟诜在《食疗本草·牡鼠》中提供了老鼠的两种药用方法："(一）主小儿痫疾、腹大贪食者：可以黄泥裹烧之。细拣去骨，取肉和五味汁作羹与食之。勿令食着骨，甚瘦人。(二）又，取腊月新死者一枚，油一大升，煎之使烂，绞去滓，重煎成膏。涂冻疮及折破疮。"可以说，我们每个人的生命中都有那么一些时刻，与老鼠有着密不可分的联系，这种新型的人鼠关系在未来还会随着人类的发展而不断延续下去。

迅猛发展的科学技术在考古领域的应用，让我们得以通过检测老鼠遗存去推断古代人群的融合和文化交流，确认它们是人类生活最早的伴生物种之一。老鼠在历史上给人类制造过许多麻烦，三次世界性鼠疫大流行更是夺去了无数人的生命，但到了今天，鼠类开始在人类的医疗健康领域扮演重要角色。从麻烦制造者到医学贡献者，老鼠角色的转变再一次验证了事物祸福相依、相互转化的辩证关系。

第二章 华夏文明的柱石

牛在十二生肖中排名第二。在中国的传统文化里，牛给人的总体印象是默默耕耘、鲜有怨尤，所以在有关属相解读的作品中，牛年出生者的性格，往往被描述为勤劳、踏实、沉稳。

在中国，牛是对诸如黄牛、水牛、牦牛、瘤牛等各种牛的统称。从动物分类学上讲，牛属于哺乳纲、偶蹄目、牛科，牛科之下再分为美洲野牛属、黄牛属、水牛属和非洲野牛属。中国的牛基本上都属于黄牛属和水牛属。黄牛属主要包括分布在全国的黄牛、分布于西南局部地区的瘤牛和分布于青藏高原的牦牛，水牛属则主要是分布在南方地区的水牛。

牛是食草动物，上颌的门齿和犬齿已经退化，取而代之的是一个坚硬的齿板；下颌的门齿保留，但犬齿也已门齿化。前臼齿和臼齿经磨损后形成复杂的纹理，很适合嚼食草料。牛舌很长，舌面粗糙，灵活有力。有意思的是，牛有 4 个胃，分别是瘤胃、网胃、瓣胃和皱胃。相对于肉类，植物能提供的营养价值较低，牛作为大型食草动物，要满足生存所需，就必须进食大量草料，但草料中又富含纤维素等难以消化的物质。所以，为了生存，牛进化出了反刍的技能。

所谓反刍，就是某些动物把吃进胃里的食物，在经过一段时间后，再从胃里翻出来送回嘴里再次咀嚼。在进食时，牛舌伸出口外，把草料卷入口中，不经仔细咀嚼就咽下。这些草料会先储存在瘤胃中，被其中的大量微生物分解、吸收，之后再进入网胃中进行过滤。此时，尚未被充分分解的草料会被反刍到口中重新研磨，之后再进入瘤胃重新循环。被瘤胃充分分解，又通过网胃过滤的草，会进入到瓣胃中被粉碎，使之变得柔软。之后进入皱胃，进行消化吸收。因此，皱胃才是反刍动物的真胃，此胃可分泌消化酶，食物进入皱胃后，才是真正意义上的消化。牛一天要反刍 6 到 8 次，多半是白天大量进食，到夜里才停下来反刍和消化。

牛无论雌雄，一般都有角，但母牛的角可能因为用处不大，退化得在外表上没有公牛那般明显。母牛大多数在 4 岁左右进入成熟期，妊娠期可持续 9 至 10 个月，每胎通常只产一头小牛。牛犊出生后一般几个小时就能站起来觅食。

5000 年前的西亚来客

动物考古学研究牛，首先要区分水牛和黄牛。到现在为止，中国家养水牛的起源历史尚无明确结论。在中国新石器时代及商代的遗址中发现的水牛是圣水牛。圣水牛与现在的家养水牛在牛角形状上有明显的区别，基因研究也证实，圣水牛和现在的家养水牛是两个不同的品种。我认为圣水牛可能没有驯化成功，后来就灭绝了。刘莉、陈星灿、杨东亚等学者根据文献和文物，认为如今的家养水牛很可能是从南亚地区引进的，时代可能不会超过距今 3000 年前，因为最早驯化的水牛出现于印度河流域，时间可追溯至距今 5000 年前。古人究竟是什么时候从南亚地区引进现生水牛的？这个问题到目前为止还无法给出准确答案。黄牛则不然。动物考古学和基因研究的结果均显示，家养黄牛起源于距今 10000 多年前的西亚地区，是从当地的原牛驯化而来的。

在中国更新世晚期的多个遗址里曾经发现过原始牛的化石，但是原始牛在古代就灭绝了。基因研究的结果显示，中国的原始牛和现在的黄牛不是一个谱系，原始牛的线粒体 DNA 谱系属于 C，家养黄牛的线粒体 DNA 谱系是 T。

在自全新世以来的多个遗址里，都或多或少地发现过牛的骨骼，我通过对考古遗址出土的动物骨骼进行研究及研读全国考古遗址出土的牛骨研究报告，发现中国最早的家养黄牛是在距今约 5600 至 4800 年前突然出现在甘肃一带的，之后开始向东部传播，在距今约 4500 年进入中原地区。我的证据有 7 个。

其一，考古人员在黄河上游地区4个距今约5600至4800年前的遗址中发现了黄牛的骨骼。如西山遗址（位于甘肃省礼县，距今约5600—4900年）出土的动物遗存中发现了黄牛骨骼，黄牛数在全部哺乳动物数中的占比超过10%，经过检测，这些黄牛骨骼的数据与商周时期可以肯定为家养黄牛的数据相似。傅家门遗址（位于甘肃省武山县，距今约5300—4800年）则出土了以黄牛的肩胛骨制成的卜骨，上有阴刻的S形符号。师赵村遗址和西山坪遗址（位于甘肃省天水市，距今约5300—4800年）都出土了黄牛的骨骼。

其二，到距今约4200至3900年的新石器时代末期，在黄河流域上、中、下游地区的10多个遗址中都发现了黄牛的骨骼，出土黄牛骨骼的遗址数量明显增多，地域范围也明显扩大。

其三，通过对上述遗址中出土的黄牛骨骼进行测量，发现其尺寸和大小比较一致，与商周时期可以肯定是家养黄牛的数据十分接近。

其四，遗址中出土的黄牛骨骼的数量及其在全部哺乳动物中的占比都达到一定的程度，特别是如果一个遗址中存在不同时期的几个文化层，各个文化层中出土的黄牛的数量大致都有一个从早到晚逐渐增多的过程。

其五，属于河南龙山文化的山台寺遗址（位于河南省柘城县，距今约4500—4000年）发现了9头黄牛集中埋葬的现象，这些牛还摆放得比较规整。同属河南龙山文化的平粮台遗址（位于河南省周口市淮阳区）也发现了埋牛的现象，不过它是单独埋葬的。这两个遗址埋葬的牛都可能与当时的祭祀活动有关。把黄牛当作祭品埋入坑中的行为延续到后来的夏商周时代，数量也开始增多。

其六，我们对长宁遗址（位于青海省西宁市大通县，距今约 4300—3800 年）出土的黄牛骨骼进行了古 DNA 研究，发现它们的线粒体基因均属于西亚地区的黄牛世系 T3，与中国更新世晚期的原始牛的世系 C 没有关系，这为我们探讨黄牛的来源提供了一个科学的依据。

其七，我们又对黄河中上游地区的多个遗址中出土的黄牛骨骼进行了碳氮稳定同位素分析，发现从距今 4000 年前后的龙山时代到距今 3800 年前后开始的二里头时期，黄牛的食物从以 C_4 植物为主发展到完全食用 C_4 植物。在年平均温度低于 15℃的地区，自然植被中几乎没有 C_4 植物，因而黄牛食谱中出现 C_4 植物，肯定是人工喂养了粟、黍的秸秆等的结果。这种食物变化的过程，反映出古人饲养黄牛方式的进步，即逐渐强化了对黄牛的食物供应，黄牛在野外吃草的行为明显减少了。

依据以上认识，我们可以大致推断出黄牛在中国出现的过程，即首先出现在黄河上游地区，继而向中下游地区扩散。基于基因研究提供的科学证据，我们可以断言，黄牛并非中国古代土生土长的家畜，而是一种外来的家养动物。整个传播链应该是，起源于西亚地区的黄牛，以文化交流的方式向东扩散，经中亚传入中国。这个认识是我在主持完成“中华文明探源工程”的技术与经济研究课题时首次提出来的，此研究修正了以往认为黄牛是中国土生土长的家畜的误解。

现在中国境内发现的最早的黄牛，是在甘肃地区出现的，距今 5600 年左右。既然黄牛非本土所有，要从境外进入甘肃，就必定要经过西边的新疆或北边的内蒙古地区，但考古往往是可遇而不可求的事，我们现在在新疆地区没有发现时间早于距今约 5300 年的遗址，在内蒙古地区年代早于距今 5600 年的遗址中也没有发现黄牛的骨骼，所以直到现在，还不能准确地勾勒出黄牛进入中国的路线，也不能准确判定黄牛进入中国的时间。

依据在考古遗址中普遍发现破碎的黄牛骨骼及有些遗址中出现完整的黄牛骨架，我们推测，获取肉食、开展与精神领域相关的祭祀活动都可能是古人开始饲养黄牛的目的。

有学者根据浙江地区良渚文化中出现类似石犁的石器，推测当地在距今约 5300 至 4300 年已经开始用圣水牛犁地。要驾驭圣水牛犁地，首先必须驯化圣水牛。而关于当时的圣水牛是家养动物的说法，我是持保守态度的，因为现有的资料尚无法形成系列证据。没有完整的证据链，就说圣水牛是家养动物，那不是科学的判断，而是没有事实依据的武断。

家养黄牛出现的意义，除了丰富古人的肉食资源和在礼制等精神领域发挥重要作用，其最大的用途是作为畜力，具体而言，就是农耕时代广泛应用的用牛犁地。中国最早作为畜力使用的牛是黄牛，时间最早则可以追溯到商代晚期，即公元前1000多年。《论语·雍也》中有一段记载："子谓仲弓曰：'犁牛之子骍且角。虽欲勿用，山川其舍诸？'"意思是说犁地之牛所生的牛犊皮毛赤红，角也长得端正；如果人们因为它是犁地之牛所出，就不想将它当作祭品，但山川之神会舍弃它吗？孔子是在借牛犊来强调选择人才不应过分强调出身。文字记载往往晚于实际发生的时间，《论语》记录的是春秋时期（公元前770—前476年）孔子及其弟子的言行，可以推断用牛犁地的现象大概率在春秋时期以前就已存在。成书年代要晚于《论语》的《国语》里也有记载，春秋末年，晋国的范氏和中行氏在政治斗争中失败，他们的子孙逃到东方的齐国，把原来用于宗庙供奉和祭祀的牛，改作耕田的畜力，即所谓"宗庙之牺，为畎亩之勤"。

根据国外动物考古学研究的结果，如果过度役使家养动物，劳动强度超出其生理负荷，往往会在这些动物的骨骼上留下骨质增生等病变的痕迹。我们在属于商代晚期的殷墟遗址中发现了一些黄牛的第1节趾骨和第2节趾骨，其上都存在骨质增生的现象，可能是长期负重所致（图 2-1），但这是否一定是劳役过度造成的，商代晚期是否肯定存在用黄牛犁地、拉车或驮运东西的现象，现在还不能做出确定的回答。

牛耕是古代生产力的第一次重大飞跃，极大地提高了农业劳动的生产效率，带动农业经济持续发展，是中国古代农业发展史上划时代的进步，是生产力决定生产关系，经济基础决定上层建筑这个历史唯物主义观点的生动体现。

图 2-1　黄牛的正常趾骨和病变趾骨对比。左边两列是现生的第 1 节趾骨、第 2 节趾骨及殷墟出土的正常的第 1 节趾骨和第 2 节趾骨，右边两列是殷墟出土的病变的第 1 节趾骨和第 2 节趾骨

农耕时代的第一生产力

中国古代农业技术的变革是伴随着铁农具和牛耕的广泛应用而产生的。世界上最早的犁地出现在公元前3000年左右的两河流域的乌鲁克文化，中国古代牛耕技术的兴起，很可能受到两河流域的影响。从中国的古代文献及考古材料来看，春秋时期就已经存在铁农具和牛耕，至战国时期，铁农具已经广泛应用，牛耕技术也有所推广。成书于西汉时期的《战国策》讲述的是战国时期的历史，其中提到平阳君赵豹劝诫赵王避免与秦交战时，历数秦人在经济、军事、政治方面的优势，其中经济上很重要的一点是“秦以牛田”，即秦人用牛犁地。把用牛犁地作为秦人取得经济优势的证据，可见牛耕在当时还不是普遍现象。联系上文提到的春秋时期或春秋时期之前可能就存在用牛犁地的现象，但用牛犁地到战国时期尚不普及，这种耕作方式的推广耗费了数百年，可见古人对先进的生产力的认识是相当保守的，价值观的转变不是一件容易的事情。

以牛犁地的首要条件是让牛完全听从指挥，这样才能进行牛耕。古人利用牛鼻敏感的特点，在牛的两个鼻孔中间穿孔，然后穿上环，环上连着绳索，或直接用绳索穿在牛鼻孔上，驾驭牛时，就扯动绳索，使牛顺从人的意志，方便人的操控。世界上最早的给牛鼻穿孔的图像是苏美尔人制作的《乌尔王军旗》(图 2-2)，出土于伊拉克境内的苏美尔王室墓穴，距今 4500 年左右。《乌尔王军旗》的底盘是木头，上面用贝壳、石灰岩、天青石组成人像和动物形象等多种图案，镶嵌在沥青上，表现出色彩绚丽的画面，画面上牛和驴的鼻子上都穿环。苏美尔人给家养大型动物鼻孔穿环的年代相当早，目前的研究结果还不能证实中国的牛鼻穿环技术是否来自西亚地区。但是，家养黄牛来自西亚地区，因而给牛鼻穿环的技术也很可能是从西亚地区引进的。

中国的牛鼻穿环技术最晚在春秋时期已经出现，收藏于上海博物馆的牛形牺尊(图 2-3)便是春秋晚期的青铜器。这件青铜器的首、颈、身、腿等部位都装饰有以盘绕回旋的龙蛇纹组成的兽面纹，纹饰华丽繁缛，特别值得注意的是牛鼻上穿有一枚巨大的铜环。这种穿牛鼻的环在古代被称为“揙”或

图 2-2 《乌尔王军旗》上鼻子穿环的牛

图 2-3　春秋晚期的牛形牺尊

“桊”,《说文解字》记载:“桊,牛鼻中环也。”五代时南唐的徐锴在《说文解字系传》中进一步解释道:“以柔木为环,以穿牛鼻也。”现在给牛鼻穿孔有专门的金属工具,售价区区数十元,但放在数千年前的古代,给牛鼻穿孔却是古人的一项重大发明,即抓住了控制牛的关键点,残忍而有效,以至于《庄子·秋水》专门记载:“何谓天?何谓人?北海若曰:牛马四足,是谓天;落马首,穿牛鼻,是谓人。故曰:无以人灭天,无以故灭命,无以得殉名。谨守而勿失,是谓反其真。”庄子在这里透露了他认为给牛鼻穿孔是一种毁灭自然的人为举动,他的论述充满了哲学的思考,这里不展开讨论。客观地看待历史,通过发明给牛鼻穿孔的方法控制牛、驾驭牛耕地,是古代农业社会生产力的一场革命,极大地提高了生产力。

古代牛耕的图像自汉代开始出现，现在发现的汉代牛耕图像有十余幅，分别出自山东、江苏、陕西、山西和内蒙古等地。从地域上看，这些资料集中分布于长江以北的华东北部地区和西北地区；从时代上看，从最早的西汉中期一直延续到东汉中晚期，这恰好是中国北方地区牛耕技术和工具快速发展的时期。据《汉书·食货志》载，牛耕的方式为“用耦犁，二牛三人”。关于二牛三人如何搭配，比较可信的说法有两种，一种是二人各牵一牛，二牛拉一犁，一人在其后扶犁。还有一种是二牛抬杠拉一犁，一人在前边牵牛，一人在辕头一侧控制犁辕，一人在后边扶犁（图 2-4）。

据学者们考证，到西汉晚期，随着耕作技术的进步，以牛犁地时不再需要由人在前面牵牛，同时，由于出现了可供调节犁地深浅的犁箭，中间控制辕的人也不再需要，于是牛耕便发展为二牛一人的方式（图 2-5），这是一个很大的进步。此后，二牛一人的犁耕法便成为东汉时期牛耕的基本形式。到魏晋时期，在二牛一人式耕作的基础上又出现了更简便的一牛一人式耕作（图 2-6）。

古人驾驭牛的时候，要在牛脖子上套一副弯曲的木头，称为“轭”。有学者考证，轭的形状和放在牛脖子上的位置有一个发展过程。最早的牛耕使用的是直角轭，即把一根长的横木绑在两头牛的角上，横木中间与犁的长辕相连接。在 20 世纪

图 2-4　二牛三人耕地图

图 2-5　二牛一人耕地图

图 2-6　一牛一人耕地图

50 年代前后，民族学家在四川西部地区做调查时，发现当地还在使用这种方法驾驭牛犁地。但使用直角轭容易损伤牛角，而且主要是牛的颈部受力，耕牛的力量难以得到充分发挥。所以此后又出现了直肩轭，即将横木由牛角后移至牛肩峰处，横木上按一定距离凿有数个小孔，用于穿绳，以便将横木固定在牛肩部，使之不易滑落，这种方式被称为“二牛抬杠”。与直角轭相比，直肩轭能充分发挥耕牛的力量，对耕牛的损伤也小，是一个巨大的进步。但由于木杠本身横直，与牛颈肩部位并不贴合，所以增加了役使耕牛的难度。目前发现的两汉牛耕图像中，使用的多半是直肩轭。汉代开始出现曲式肩轭，据元代王桢的《农书》载，曲轭“用控牛项，轭乃稳顺”，比二牛抬杠的直木杠更贴合牛肩部的曲线，牛的肩部受力也更均匀。魏晋时期，已经普遍使用曲式肩轭，甘肃省嘉峪关市新城魏晋墓群

6 号墓出土的画像砖上便有耙地图，牛脖子上套的就是曲式肩轭（图 2-7）。

铁制农具及牛耕的使用是一个划时代的进步。牛耕带来的第一个效果是深耕，能比较彻底地消灭杂草和病虫害，有效改良土壤，增加地力，还能进一步扩大人工施肥、水利灌溉的作用，继而明显提高单位面积的产量。牛耕带来的第二个效果是取代了用人力踩耒耜翻土的劳动（图 2-8），不但直接减少了人的劳动量，还能大大提高劳动生产效率，为大量开垦荒地，继而提高粮食总产量做好了铺垫。牛耕和铁犁的使用是相辅相成的。在牛耕、铁农具广泛应用的同时，再辅之以兴修水利设施，改进灌溉方法，推广人工施肥等，就能极大地促进农业生产的发展，生产更多的粮食，为人口的持续增长提供食物保证。农业的稳步发展，人民得以吃饱穿暖，安居乐业，之后才

图 2-7　一牛一人耙地图

图 2-8　神农用耒耜翻土的形象

会有瓷器、诗词、乐曲、丝绸等种种物质和文化的发展，创造出璀璨夺目的华夏文明。从这个角度来看，牛可谓是一肩托起了整个华夏文明。

自牛耕应用以来，在此后数千年里，尽管朝代不断更换，社会制度屡有变革，农村的土地政策也经历了多次变化，但农业生产中牛耕的方式始终维持，直到现代化的拖拉机出现才逐渐被取代。在使用拖拉机耕地之前，牛耕始终是中国农业的第一生产力。可见古代农业社会的生产和发展，耕牛实在居功至伟。

一级祭祀品和随葬品

祭祀是古人在专门的场合，向神灵和祖先表达敬意、禀告事由的重要活动，在古代文献中多有记载。目前发现的甲骨文中便多次提到用牛祭祀，数量最多时更达到 1000 头。《诗经》中提到牛的诗篇，多与祭祀相关。《小雅·楚茨》曰："絜尔牛羊，以往烝尝。"洗干净你的牛和羊，准备拿去作祭享。《大雅·旱麓》曰："清酒既载，骍牡既备。"祭神的清酒已摆好，红色的公牛已备齐。《周颂·良耜》曰："杀时犉牡，有捄其角。以似以续，续古之人。"宰杀那头最大的公牛，它有一双大又弯的牛角，可以用来祭祀社稷神，这是延续前人的传统。《周颂·丝衣》曰："自羊徂牛，鼐鼎及鼒。"献祭的牺牲有羊有牛，鼎器也有不同的大小。《史记·五帝本纪》中记载："(舜)归，至于祖祢庙，用特牛礼。"说的是舜巡查回来后，到供奉祖先的宗庙中，用公牛祭祀。《大戴礼记·曾子天圆》记载："诸侯之祭，牲牛，曰太牢。"意思是诸侯一级的祭祀用牛，称为"太牢"。可见最高等级的祭祀是必须用牛的，鉴于牛耕在农业社会里的超高地位，牛在祭祀领域有此地位并不奇怪。

《史记·五帝本纪》讲述的是史前社会最后阶段的历史，与文献的记载相对应，考古研究人员在发掘距今 4000 多年的新石器时代末期以来的遗址中，发现不少用牛进行祭祀活动的实例。20 世纪 90 年代，美国哈佛大学张光直教授的研究团队和中国社会科学院考古研究所合作，联合在豫东地区开展考古调查，发掘了后来被列为“第六批全国重点文物保护单位”的山台寺遗址。中美联合考古队在该遗址发现了一个祭祀坑，里面出土了 9 头肢体完整的黄牛，这是迄今为止考古发现埋葬了最多的整头黄牛的遗址。9 个黄牛头的摆放方向并不一致，但从整体而言，都摆放得比较规整，证明当时举行了隆重的祭祀活动（图 2–9）。

河南省的考古研究人员在发掘大致属于夏代的郑州市洛达

图 2–9　河南柘城山台寺遗址祭祀坑里的 9 副黄牛骨骼

庙遗址时，发现数个动物祭祀坑，坑内分别埋有牛和羊的完整骨架。例如，343 号坑里出土了 3 具牛骨架和 5 具羊骨架，每具骨架的摆放都很有秩序，很可能与当时的祭祀活动有关。

小双桥遗址（位于河南省郑州市，距今约 3400 年）是商代王室的祭祀遗迹，其中出土了许多大型夯土建筑和祭祀坑。除了人牲祭祀坑，遗址中还发现了多个葬有黄牛头或黄牛角的土坑，其中第 100 号坑里的黄牛角就有 70 多个，是数量最多的一个坑（图 2-10）。这些黄牛头的完整度不一：有些保留了顶骨及两个完整的牛角，但从枕骨处横劈，经过眼眶到前颌骨；有些是数具牛头或带一部分头骨的牛角摆放在一起；有些仅有牛角。

图 2-10　河南郑州小双桥遗址的牛角祭祀坑

除了在祭祀领域作为最高等级的用品，商朝人在下葬时也有以牛随葬的习俗。安阳殷墟作为商代晚期的都邑遗址，其总面积达到了 36 平方千米以上，考古学家在其中的多处墓地发现了随葬牛的现象，如西区发掘的 220 号墓葬人骨架的头骨上方的二层台上就放有牛的前腿。这些用牛进行祭祀和随葬的实例，与古代文献中用牛祭祀的记载都能对应得上。

文字和文物中的牛

甲骨文中的“牛”字凝练、简单而形象，左右是弯曲翘起的牛角，中间是牛头，让人一目了然。金文中的“牛”字有复杂和简单两种写法，复杂的是直接绘出牛头的正面形象，简单的则跟抽象的甲骨文大致相同。简帛和小篆的“牛”字仍然保留了甲骨文的风格，但从隶书开始，则和现在的“牛”字无异了（图 2-11）。

以牛为形象的文物，首推青铜器。我国的青铜时代始于公

甲骨文	金文	简帛	小篆	隶书	楷书
					牛

图 2-11　“牛”字的演变

元前约 1700 年之前，历经夏商周三代发展到鼎盛，尤其是商周时期，青铜器常被贵族们用作宴享和宗庙祭祀祖先的礼器，非一般人可以拥有，成了权力和地位的象征。因而，这时期的礼器兼具极高的文化价值与艺术价值。

牛作为农耕文明的战略物资，其重要地位也体现在许多青铜器上。考古学家在发掘殷墟的花园庄 54 号墓时，发现了一件“亚长”牛牺尊（图 2-12）。这是殷墟发现的唯一一件牛形青铜尊。此牛体格健壮，牛头前伸，牛角如月牙弯曲向后，可看出是典型的水牛角，角上装饰弧形波折纹。双耳外展，眼球微微凸起，口微张，脖颈、四肢粗短，臀后有一条下垂的尾巴。牛身遍体装饰了许多动物形纹饰，如耳下为小鸟纹，颈部为饕餮纹，牛体为夔龙纹，所有主纹均有云雷纹衬底，十分繁华精美。此牛尊为一件青铜酒器，因而尊背开长方形口并置盖，盖钮为半圆形。牛脖之下及器盖内壁，都刻有铭文“亚长”二字。亚长乃商王朝带兵打仗的将军，地位仅次于妇好。

陕西省宝鸡市岐山县贺家村则出土了一件西周时期的青铜牛尊（图 2-13），也是当时贵族的酒器。此牛尊整体呈伫立状，双眼圆睁，耳朵斜出，双角向后飞起，牛头翘首、引颈，作吼叫状。牛躯浑圆，四腿粗壮。牛舌伸出，为流；尾向下卷成半环状，为鋬。牛背开方口并置盖，盖面上铸虎钮，虎呈站立状，昂首、竖耳、扬尾，长脊下压，四腿发达有力，身体微微

图 2-12　河南安阳殷墟遗址出土的“亚长”牛牺尊

图 2-13　陕西岐山贺家村出土的西周青铜牛尊

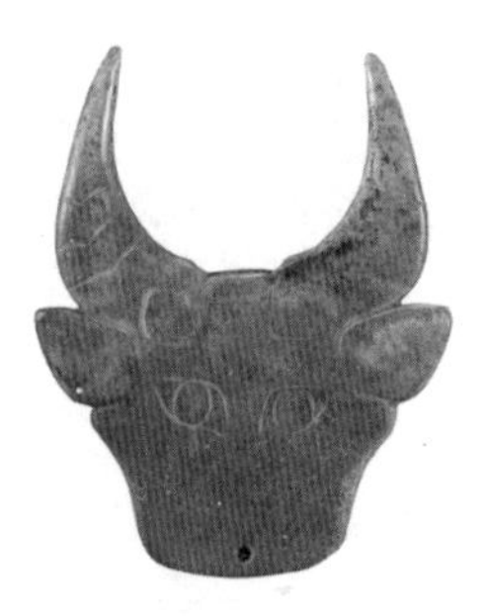

图 2-14　河南三门峡虢国墓地出土的玉牛面

后缩，作势欲扑。牛尊通体饰抽象的涡云纹和变相鸟纹，腹、背及足部饰云纹和夔龙纹。

除了青铜器，西周时期的虢国墓地出土的玉牛面（图2-14）也值得关注。这件文物玉料浅黄，整体呈片状，雕刻了牛头的正面，双角对称竖起，双耳斜向伸出，双眼呈“臣”字形，没有刻画出牛鼻，嘴巴处有一圆孔。

唐代的陶制生肖牛俑则是牛首人身的形象，牛头上双角突起，双眼圆鼓，嘴唇厚实，身穿长袍，衣袖宽大，双手相交于胸前（见拉页）。清代圆明园十二兽首铜像中的牛首，双角弯曲，角尖上翘，双耳呈招风状，双目圆睁，鼻孔明显，嘴巴微张，露齿（图2-15）。

若论绘画中的牛，当属唐代韩滉画的《五牛图》为佳（图2-16）。韩滉活跃于唐德宗时期，尤其擅长画人物和畜兽，其中以画牛最为精妙。据研究者考证，《五牛图》画了五头神态、性

图2-15　圆明园十二生肖兽首铜像的牛首

图 2-16　唐代韩滉绘制的《五牛图》

格、年龄各异的牛。韩滉用粗壮有力的墨线勾勒牛的轮廓，表现出牛的强健、沉稳，对牛的眼睛、鼻子、蹄趾、毛须等部位均着意渲染，凸显出牛有力劲健的筋骨和质感真实的皮毛。宋末元初著名画家赵孟頫认为《五牛图》中的"五牛神气磊落，稀世名笔也"，并在《五牛图》上作了题记。《五牛图》与清代圆明园的十二兽首类似，在 1900 年八国联军洗劫紫禁城之际，被掠夺并流失国外。直到 20 世纪 50 年代初，《五牛图》才得以回归祖国，现藏于故宫博物院。

作为肉食和骨器

考古学家在新石器时代末期的遗址中发现不少破碎的牛骨，这是古人食用牛肉、敲骨吸髓的证据，吃牛肉的历史由此延续下来。史书记载的吃牛肉始见于《礼记 · 内则》，讲到了

淳熬、淳母、炮、捣珍、渍、为熬、糁、肝膋等八种珍食，后世称为“周八珍”，其中的捣珍、渍、为熬都与牛肉有关，尤其是渍，就是用刚刚宰杀的新鲜牛肉，切成薄片，浸渍一天一夜，再以肉汁和梅子酱调味，然后食之。唐代有一种宴席叫“烧尾宴”，其中有一道菜名为“水炼犊”，就是用慢火清炖整只小牛，直到把肉完全炖烂。还有一道“通花软牛肠”，就是用羊骨髓加上其他辅料灌入牛肠，做成类似今天香肠的美食。不过，相对于古人关于吃猪肉和羊肉的记载，有关吃牛肉的记载极为有限，这可能是因为在古代牛是重要的耕地工具，与农业生产、交通运输息息相关，故不能轻易宰杀。如唐玄宗在《禁屠杀马牛驴诏》里就提到，“马牛驴皆能任重致远……其王公以下，及天下诸州诸军，宴设及监牧，皆不得辄有杀害”。

到宋代以后，吃牛肉似乎变得更普遍。元末明初的文学家施耐庵在《水浒传》里，讲到武松在景阳冈前的一个酒家中，连喝了十多碗名为“透瓶香”的美酒，大啖了4斤熟牛肉，然后踏上景阳冈，在那里打死了猛虎。

除了牛肉，牛骨也常被古人大肆应用。中国社会科学院考古研究所安阳工作队在殷墟遗址中铁三路北段地带发现了主要制作骨笄的作坊。笄是古人用来插住挽起的头发的簪子，商代多用骨头制作。考古研究人员在制骨作坊发现了大量骨笄的半成品、边角料，还有少量废品。从发掘出土的骨骼碎片观察，制作骨笄的骨料以黄牛骨骼为多数，取料的方法主要是锯切，从锯痕的形态特征来看，应该是青铜锯加工的结果。当时的加工工艺首先是切掉骨骼的关节部位，再用切割、削、锉、凿、雕刻、打磨等方法处理骨料，完成骨笄的制作（图2-17）。铁三路制骨作坊出土的残次品或废品以及废坯料较少，表明工匠对取料方法、制作工艺掌握得非常熟练，呈现出制作模式化、

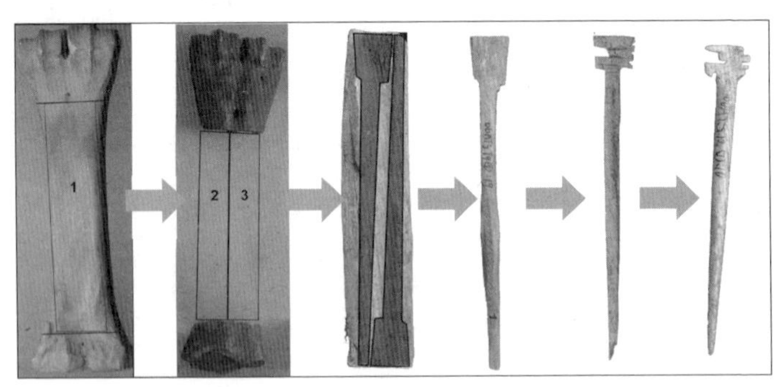

图2-17　商代骨笄的制作示意图

标准化的特点。类似的制骨作坊在殷墟发现多处，可见当时制骨手工业的盛况。

黄牛这种起源于西亚地区的家养动物，至少在5000年前，就被古人以文化交流的方式引入中国。黄牛是古人的肉食资源，在构建礼制的活动中也发挥了重要作用，但其最突出的贡献是作为畜力，构成古代农业生产中的主要生产力，是保证中国古代社会持续发展的重要因素。而辛勤耕作、任劳任怨的牛文化，象征着勤劳善良，代表着忠厚老实，传达着低调谦和，代代相传，影响深远。

第三章 威严的山君

虎在十二生肖里排第三。在中国，虎是山林中的百兽之王，给人的印象总是威风凛凛，自信而强大，所谓龙行虎步、虎背熊腰，大体都是形容人的体态、精神面貌过人。而生肖书中对属虎者的描述，也多为志向远大、无所畏惧、勇敢果断。

习惯上，我们把虎称为“老虎”。从生物分类学上讲，老虎属于哺乳纲、食肉目、猫科，并且是猫科中体型最大的动物。老虎的毛色大部分呈淡黄色或褐色，身躯布满黑色横纹；尾巴粗长有力，也有黑色环纹。老虎的背部色浓，唇、颌、腹侧和四肢内侧毛色为白色，前额有似“王”字形斑纹。老虎一般栖于森林山地，性情凶猛，喜单独活动，夜行性强，能游泳，不善爬树。

雌虎一般 3 岁左右达到性成熟，雄虎则要晚些。交配完成后，雌虎的妊娠期大约为 3.5 个月，每胎产仔 1 至 5 个。小虎出生后哺乳期大概半年，需跟随母亲生活 2 至 3 年才开始独自生活。与小虎生活期间，雌虎一般不再发情交配，所以在自然条件下，雌虎的繁殖间隔期为 2 至 3 年。

如今生活在中国的老虎主要有两种：一种是东北虎，体型大，毛色较淡，分布于长白山、小兴安岭等地；另一种是华南虎，是中国特有的虎种，体型稍小，毛色深浓，曾分布于我国的福建、浙江、湖南、湖北、四川、广东、广西、陕西等地，但如今野外的华南虎几乎已经灭绝。

神秘的蚌壳龙虎图

虽然我国各地数百处考古遗址均有出土动物遗存，但迄今为止，出土老虎骨骼的遗址并不多，主要分布在吉林、辽宁、甘肃、陕西、河南、北京、山东、安徽、重庆、湖北、上海、浙江、广西、广东、福建等地，共计 36 个。这些遗址的年代主要集中在新石器时代，少数遗址为夏商周时期，最晚至汉代。考古遗址中发现的老虎骨骼基本上都是破碎的，主要有头骨、上颌骨、下颌骨、牙齿、肩胛骨，以及前肢的肱骨和桡骨、后肢的胫骨和趾骨等，我们把 36 个遗址出土的老虎骨骼全部收集到一起，还不能拼出一副完整的老虎骨架，尤其是缺少肢骨，这可能是因为老虎在当时是一种少见的动物，加之异常凶猛，被古人捕获的实例极少。古人将好不容易捕获的老虎分食殆尽后，还要敲骨吸髓，骨骼绝大部分都破碎得厉害，所以残留的虎骨碎片因为特征点不明确，我们已经无法鉴定到具体的种属和部位了。这样就造成了我们收集到的老虎骨骼残缺不全的现状。

尽管老虎的骨骼残缺不全，但是有些与老虎相关的人工遗迹还是给人留下了深刻的印象。在考古发掘中发现的与老虎相关的人工遗迹中，最著名的当属西水坡遗址（位于河南省濮阳市，属于新石器时代）的蚌壳摆塑龙虎图案。在这个遗址属于仰韶文化第二阶段（距今约 6500—6300 年）的文化遗存中，考古人员发现了三组跟龙虎相关的蚌壳摆塑图案。如 45 号墓的墓主人其左右两侧各有蚌壳摆塑的一龙一虎图。其中，老虎图案位于墓主左侧，头朝北、背朝东，身长 1.39 米，虎头微低，眼睛圆睁，张口露齿，四肢呈行走状，尾巴下垂（图 3–1）。在 45 号墓正南 20 米处，还发现一组蚌壳摆塑的龙虎连体图。虎头朝北、面朝西、背向东，虎尾与龙的上半身相连，虎背上有一似鹿动物（图 3–2）。在龙虎连体图正南约 25 米处又发现一组蚌塑人骑龙和奔虎图案。其中，虎头朝西、背向南，仰首翘尾，四肢微屈，呈奔跑状（图 3–3）。

组成龙虎图案的蚌壳种类主要有丽蚌、矛蚌和楔蚌。这些蚌类属于双壳纲的蚌科，大多数蚌类现在主要栖息于长江中下游流域的洞庭湖、鄱阳湖和太湖及其周围水域，是亚热带地区的蚌类，完全不同于现在分布于华北地区的蚌类种属。结合孢

图 3-1　河南濮阳西水坡遗址的蚌壳摆塑龙虎图

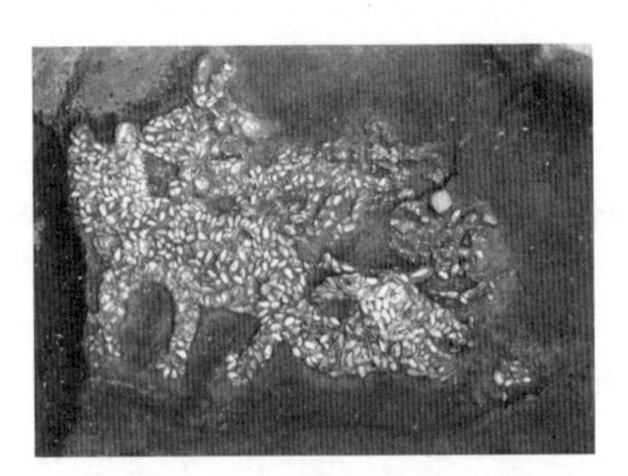

图 3-2　河南濮阳西水坡遗址的蚌壳摆塑龙虎连体图

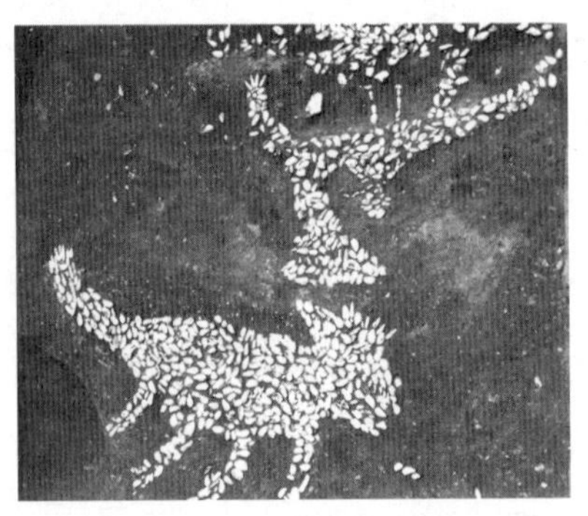

图 3-3　河南濮阳西水坡遗址的蚌壳摆塑人骑龙和奔虎图

粉分析当时的植被景观，我们可以发现，在距今6000多年前，西水坡遗址所在的华北南部地区属于亚热带气候，远比现在湿热，雨量也更充沛，跟现在的长江中下游地区相似。借助科学的鉴定和将今论古的判断，我们对当时的物种、气候便有了科学的认识。

西水坡遗址45号墓中使用蚌壳摆出龙虎图案，在整个遗址近百座墓穴中仅此一例，可推测出墓主的地位非凡。关于墓主的身份，学者们做过各种推测，把他们的观点汇聚到一起分析，主要有两种：一种是把墓主跟伏羲、颛顼、蚩尤、黄帝、帝喾等与三皇五帝相关的人物直接联系在一起，另一种是推测墓主可能为巫师或酋长。我觉得前一种观点是不可取的，这些研究者通常是把墓主推测为三皇五帝中的某一位，然后自说自话，但从不去评判其他研究者对于是三皇五帝中的哪一位作真伪的判别，仅仅就此，便可以看出这些推测是多么不靠谱。我们应该明白，地底下埋藏的古代墓葬还有很多，换言之，未知的领域很大，依据最新发掘出土的前所未见的迹象而贸然做出属于远古某人的推断，不免武断。试想如果日后又发现新的具备特殊现象的墓葬，当作何解释？比如21世纪以来，人们在浙江省杭州市良渚遗址中心区发现了数千米长的水坝，这些水坝是用草包泥堆积而成的，是5000多年前的水利工程；在陕西省榆林地区发现的石峁城则是用石块堆积而成的，是4000

多年前古人的杰作。这些遗迹完全颠覆了我们以往对那些地区史前文化的认识。考古史上类似的现象还有不少，做历史研究和考古研究的学者，绝不可轻率地对新的发现妄加推断，跟历史记载直接挂钩，这样可以避免日后面对新的发现陷入尴尬的境地。

基于以上理由，我觉得把45号墓的主人视为氏族部落的首领，可能比较接近真实的历史。远古时候巫师和酋长往往是二者合一的，巫师凭借与上天、神灵或祖先沟通的独到本事，成为号令氏族部落成员的首领；反之，首领之所以能够服人，就是因为自身具有与上天、神灵或祖先沟通的能力。因此，墓主生前得到大家的尊重，死后的葬式也与众不同。试想，要把小小的蚌壳一枚一枚摆出两个1米多长的龙虎形状，绝不是举手之劳、易如反掌，这些龙虎图案是经过精心设计的，摆放的过程很可能也是在充满虔诚的气氛中完成的。当时的人在埋葬墓主人时，也应该是赋予龙、虎这两种动物以特殊含义，这可能是一种原始宗教的体现，反映出远古先民的思想。

针对45号墓中龙虎两个图案的具体含义，不少学者认为与天象有关，直接把它们与四大神兽中的青龙和白虎联系到一起。还有学者认为龙虎均为神兽，是死去的巫师的助手。但是，如果这么认定45号墓的龙虎图案的含义，那同一遗址中出土的另外两个龙虎连体图和龙虎图案，加上那两个图案中包含的其他动物，又该如何解释？学者们都回避了这个问题。那些对龙虎图案的推测最终没有成为共识，可能就是因为无论哪一种说法，其概念都不能普遍地解释这三组图案中共有的龙虎及其他动物的意义。

我认为之所以如此难解，是现代思维与原始思维的差异所致，数千年间因为没有文字流传而造成的思维传承的中断，绝非轻易可以重建的。我们现在很难回溯古人理解的物体与自然之间的相互关联应是一种怎样神秘的互相渗透。总而言之，沟通古今，既有待于学者们孜孜不倦的、符合逻辑的、建立在比较分析基础之上的探讨，也有待于新的考古发现给我们带来启示和线索。

趋吉避凶、威武勇猛的表达

因老虎是一种会吃人的猛兽，古人对之充满畏惧，这种畏惧又会转化为对虎的崇拜。直接体现便是，人们在自己创造的文学作品、民俗以及文物中，多赋予虎以刚勇威猛、镇邪驱魔、吉祥如意之意。因此，虽然老虎的遗存甚少，但我国出土的与虎有关的文物却有不少。石峁遗址（位于陕西省神木市，年代约为公元前2300—前1800年）是中国目前发现的新石器时代末期到夏代早期的规模最大的城址，由皇城台、内城、外城三座基本完整，但又相对独立的石头堆砌的城址组成。石峁遗址中发现的典型器物当为石雕。石雕题材中比较多见的母题除了人面像与神面像，其余特别引人注目的就是虎形石雕了。例如一块石条的中央雕刻着一张背头短发、发梢微翘、大眼、大鼻、大脸的人面，人面左右则对称地雕刻了两只形状完全相同的老虎（图 3-4）。老虎垂首，虎口大张，露出上下獠牙，四肢俯卧在地，尾巴卷起，虎身及虎尾都雕刻有花纹。

雕刻如此栩栩如生，想必是古人用心观察过老虎的活动，留下深刻印象之后，用艺术手法把老虎的特征形象地再现出来。老虎是会吃人的猛兽，距今 4000 年前后的古人，在与老虎相遇时，冒着生命危险仔细观察，然后认真构思，对称设计，精心雕刻，最后才能将老虎威猛的形象永远留在石头上。因而，我认为那位或那些雕刻者称得上是那个时代伟大的艺术家。中国社科院考古研究所研究员王仁湘认为，双虎构图的艺术形式在石峁遗址逐渐固定下来，并传承到后世，与殷墟妇好墓中的玉虎、山东省滕州市前掌大墓地的玉虎及河南省洛阳市

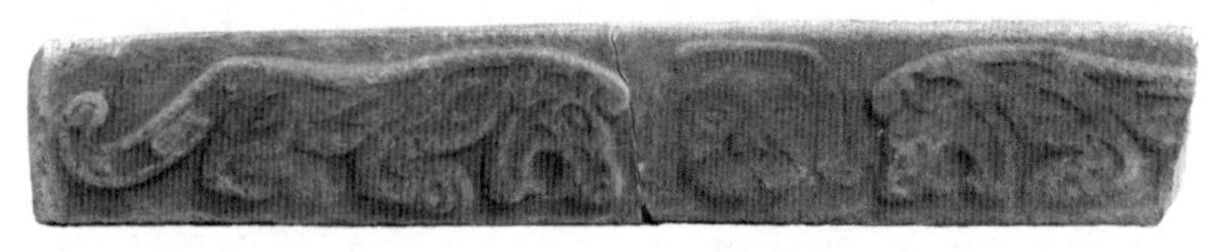

图 3-4　陕西神木石峁遗址发现的人与虎石雕

出土的西周时期的卧虎造型都有相同的虎姿，它们之间应该有一以贯之的艺术传统。这背后是一种怎样的思维定式在起作用？抑或说老虎的这个姿势最为常见，以至于各个时期的艺术家经仔细观察后，表现出来就大同小异了？这值得我们深思。

石峁遗址所属的龙山时代结束后，历史进入青铜时代。这一时期与虎相关的青铜器非常有特色，例如收藏在法国池努奇博物馆的商代虎卣（图 3–5）。卣作为盛酒器，于商朝和西周时期常见，但这个造型却非常独特，卣口为圆形，以一头站立的鹿作为盖钮，提梁两端分别装饰有两个造型一样的小虎头。虎卣主体表现的虎为双耳竖起，大眼圆睁，张开血盆大口，其

图 3–5　法国池努奇博物馆收藏的商代虎卣

前爪抱紧一人，那人双手高攀虎肩，面无恐惧神色，双腿半蹲，双脚踩在虎足之上，虎的后两足和虎尾构成三个支点，支撑整个器体。虎卣通体饰夔龙纹、鱼纹和兽面纹等。因为人头位于虎口内，此卣曾被称为“虎食人卣”，有些学者认为这是在表现某些以虎为图腾的部落，通过把俘虏献祭给虎神以求得保佑；也有些学者认为此卣口中的人代表恶鬼，虎食人是在吞噬恶鬼，以趋吉避凶。不过，张光直教授不赞成这个虎卣的造型是虎食人的判断，因为虎卣大张的虎嘴并没有咀嚼吞食的动作，他认为这是人在借助虎的力量沟通天地，具有宗教意义。

四虎饰铜镈则有另一番含义（图 3-6）。这是一件青铜礼乐器，1985 年出土于湖南省邵阳市邵东县毛荷殿乡民安村，大致上属于西周时期。镈的钟体较大，剖面呈椭圆形，口部平直，顶上设钮（悬挂部件）。钟体前后有凸起的鸟纹作为棱脊，两侧各置双虎，虎首向下，四肢略蜷曲，尾巴卷起。有学者认为，此镈以虎为主要装饰，是因为古人认为虎啸声音洪大，与镈声相称，敲击镈时发出的声音仿佛是从镈上的虎饰发出来的。编钟最早大约出现在西周早期偏晚阶段，是用途最广泛的青铜打击乐器，镈是贵族在宴飨或祭祀时，与编钟、编磬一起使用的，是用来指挥乐队的打击乐器。中国古代自西周时期开始制礼作乐，《礼记 · 乐记》记载：“乐也者，情之不可变者也；礼也者，理之不可易者也。乐统同，礼辨异，礼、乐之说，管

图 3-6 湖南邵东出土的西周四虎饰铜镈

乎人情矣。”孔颖达疏曰：“乐主和同，则远近皆合。礼主恭敬，则贵贱有序。”音乐自古以来就有表现人们思想感情的作用，可以调动人的情绪，激起人的共鸣。距今 2000 多年前贵族的宴飨或祭祀活动上，古人可能多次打击过这件装饰有虎造型的乐器。

当然，虎形青铜器未必每件都有重大意义。如陕西省宝鸡市茹家庄出土的西周青铜虎（图 3-7），耳竖眼鼓，虎足前蹬后弓，作扑攫状。通体饰重环纹。虎口衔一幼虎，幼虎头向上，眼凸出，口大张。大老虎叼着小老虎，着实可爱，不禁使人想起鲁迅的诗：“无情未必真豪杰，怜子如何不丈夫？知否兴风狂啸者，回眸时看小於菟。”不管是叼在嘴上，还是回眸时看，

图 3-7　陕西宝鸡茹家庄出土的西周青铜虎

那种母对子的溺爱之情，溢于言表。

到了春秋战国时期，青铜器器形与纹饰呈现出明显的地域性风格，蟠螭纹出现并风行，素面铜器流行嵌错金银等工艺装饰。《说文解字》记载：“错，金涂也。从金，昔声。”细心观察一些错金银青铜器的错金银纹饰脱落处，会发现没有任何凹痕，这可以证明错金银纹饰并不是嵌上去，而是涂上去的。嵌错虺纹虎耳铜壶（图 3-8）是春秋晚期盛行于三晋地区的典型器皿。壶口被打造成八瓣莲花形，口沿向外扩展。颈部颀长，有对称的双耳，为两只造型一致的老虎，老虎整体作攀援状，回首卷尾，口含圆环。器皿腹部鼓起，底部以圈足承托。器皿整体的纹饰复杂，如盖顶莲瓣正面嵌错虺纹，背面嵌错兽面纹，周边饰几何纹饰；壶身嵌错蟠龙纹，虎形双耳饰细小的羽纹及云纹。

错金银虎噬鹿铜屏风座（图 3-9）出土于河北省石家庄市平山县三汲乡中山王墓，属于战国时期，现收藏在河北省文物考古

图 3-8 春秋晚期的嵌错虺纹虎耳铜壶

图 3-9 河北平山中山王墓出土的错金银虎噬鹿铜屏风座

研究院。这是一件家具的构件，屏风座是一只弓身右曲的猛虎，全身以金银镶错出斑斓的条纹。猛虎双目圆睁，两耳直竖，三足着地，一爪腾起，正将被它抓住的柔弱小鹿送入口中，紧紧咬住。小鹿在虎口中竭力挣扎，短尾用力上翘，身上的皮毛斑纹也同样用金银镶错而成。虎的颈部和臀部各立一个长方形銎，銎的两侧都雕刻有山羊头面，羊口即为銎口，安插上屏风恰成曲尺形。

战国时期出现了将黄金涂满整个器物的鎏金技术，即将黄金溶于汞中，使之成为糨糊一般的金汞合金，再将金汞合金均匀涂抹到干净的金属器物表面，加热使汞挥发，剩下的黄金与金属表面固结，形成光亮的金黄色镀层。现收藏于上海博物馆的汉代鎏金铜虎（图 3-10）就是典型之作。这件鎏金铜虎通体鎏金并刻有毛斑纹，项上另有一圈贝饰。其头部微微昂起，圆目，口微张而露齿，四肢趴伏在地，侧身踞伏，虎尾盘于臀部，体态威猛厚重。这样沉稳的摆件，其实是用来压住席子

图 3-10　汉代鎏金铜虎

四角的席镇，所以整体造型较为扁圆，不易牵挂古人的大衣长裳。今日稀松平常的高架家具，在汉代以前尚未引入流行，故人们习惯席地而坐，席子就是人们日常生活用具。但以芦苇、蒲草等编织的席子容易卷边，且人们起身离席的时候也容易移动，于是席镇应运而生。

除了虎形青铜器，虎也体现在玉雕当中，例如殷墟出土的片雕玉虎（图 3-11）。片雕玉虎由青色玉料制成，片雕大部因自然环境的风化与浸蚀而略有受沁。玉虎俯卧昂首，张口露齿，眼呈“臣”字形，眼珠为圆孔，大耳，背内凹，四肢前屈，足部雕出四爪，尾部弯曲上翘，身饰云纹，尾饰“人”字形节状纹。

汉武帝的陵墓是位于陕西省咸阳市的茂陵，茂陵边上的

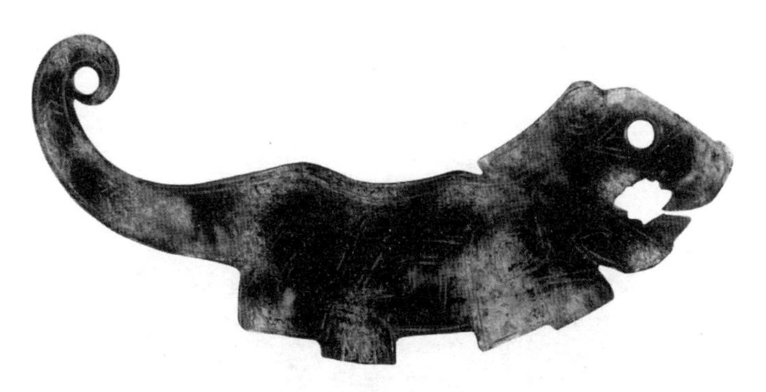

图 3-11　河南安阳殷墟遗址出土的片雕玉虎

陪葬墓有一座是属于骠骑将军霍去病的，霍去病曾前后六次出击匈奴，喊出了“匈奴未灭，何以家为”的豪迈誓言，并打通了通往西域的道路。霍去病死后，汉武帝特许他陪葬茂陵，在其墓前置有各种大型石刻，以表彰霍去病的武功。这些石刻作品中有一件卧虎（图 3–12），虎头、虎颈、虎胸连在一起，虎尾倒卷于背，四肢蜷曲，虎身以多条刻纹代表虎纹。从艺术手法上看，这些石刻都充分利用了石材的天然形态，细节大为简化，以呈现雕塑作品整体的深沉浑厚，彰显内在的力量与从容的气度，突出整个大汉王朝强大而自信的时代风貌。

老虎的形象还出现在建筑遗物中，在陕西省西安市南郊一座汉代礼制建筑遗址中，就发现了表现青龙、白虎、朱雀、玄武的“四神”瓦当，这四种瓦当似乎分别出土于不同的方位。古人把从地球上看太阳于一年之内走过的视路径称为“黄道”，把黄道附近的星象划分为二十八组，即“二十八宿”。二十八

图 3–12　陕西咸阳霍去病墓前石刻的卧虎

宿再分为四组，每组七宿，与东、南、西、北四方和青龙、朱雀、白虎、玄武四象相配，形成东宫青龙，南宫朱雀，西宫白虎，北宫玄武，每宫各辖七宿的概念。在白虎瓦当（图 3–13）中，虎与瓦当的圆形巧妙地融合在一起，整体呈弧形，虎头昂起，张嘴咆哮，虎腰内凹，四肢犹如奔跑，虎尾高高卷起。由于白虎是表示天象的，因此虎背上的那个圆圈可能代表了星星。

寻常百姓的生活中所用器物也有些是带老虎形象的，例如虎子。这是魏晋时期南朝墓葬中常见的一种随葬品，大多以青瓷制成，造型呈伏虎状。虎子的用途有两种说法，或说是溺器——也是比较多人认可的观点——或说是水器、酒器。例如东汉墓葬中就曾出土一件虎子（图 3–14），其口部做成张口的虎首形，背有提梁，虎身较长，下有短矮的四腿。至于溺器为何要制成伏虎状，可能与古人畏怕猛虎的心理有关。虽然老

图 3–13　陕西西安汉代礼制建筑遗址发现的白虎瓦当

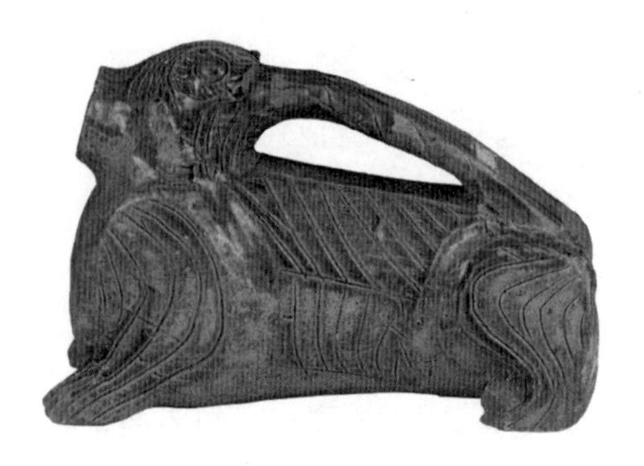

图 3-14　东汉墓葬中出土的虎子

虎的力量强悍，且还会食人，令人心生恐惧，但同时，人们也希望能够征服、驾驭老虎。在这种复杂心理的影响下，人们将溺器做成伏虎状，用作最低贱的排泄器具，以达到蔑视老虎的效果。除了虎子，进入普通人家生活的，还有宋金时期颇为流行的虎形瓷枕。这种瓷枕呈卧虎形，但只有虎眼、虎嘴做出形状，虎耳、虎足、虎尾等一概用黑彩描绘，黑彩绘成的虎纹更是十分逼真。到了明清时期，老虎形象的器物更趋向实用，例如虎形镇纸，与鎏金铜虎席镇有异曲同工之妙。

画像石乃是汉魏时期祭祀性丧葬建筑（诸如墓室、祠堂、墓阙）雕刻有图像的建筑构石，体现了精美的石刻艺术。河南省南阳市方城县城关镇出土的一座东汉画像石墓中，有一幅人斗虎的图像（图 3-15）。画面左侧的虎前肢伏地，侧头凝视，似已被驯服。中间是一个头戴帽子的勇士，腰中横着一把剑，

图 3-15 河南方城东汉画像石墓发现的人斗虎图像

双腿大撇，双手抓住右侧的虎的上下颌，用力掰开。右侧那只虎虽然四腿仿佛在奔跑，但显然受到了勇士的阻挡。勇士以一己之力与二虎搏斗，还占据上风，很有几分“力拔山兮气盖世”的豪情。

绘画中的虎则绕不开甘肃敦煌莫高窟的壁画，其中的虎极具特色。自南北朝到宋代，佛教在我国广泛传播，涌现了许多专门表现佛教教义的石窟壁画艺术，为信徒所欢迎。这些壁画常见的一个主题乃是“舍身饲虎”。舍身饲虎是一个佛本生故事，原出自《贤愚经·摩诃萨埵以身施虎品》，讲述印度宝典国的国王有三个儿子，有一天，这三个儿子一起到山里打猎，看到一只母虎带着几只小虎。母虎饥饿难忍，想把小虎吃掉。三儿子摩诃萨埵看到后心生怜悯，遂将两位哥哥支走，然后走入竹林，脱下衣服，躺在母虎面前，想不到此时母虎已经饿得连吃他的力气都没有了。于是，摩诃萨埵爬上高山，取干竹将自己的脖子刺出血来，纵身跳下，让母虎舐血。母虎喝血后恢复了气力，又与小虎们一起吃掉摩诃萨埵的肉。两位哥哥久不见弟弟，一路来寻，最后发现摩诃萨埵的尸骨，赶忙回去告诉父母。国王夫妇赶到山中，抱着摩诃萨埵的尸骨大哭，之后收拾遗骨，拿回去修建宝塔供养。这位献出自己肉身以拯救老虎生命的萨埵王子便是佛祖释迦牟尼的前世。在大多数情况下，“舍身饲虎”都突出血淋淋的啖食场面，但敦煌莫高窟第254窟的“舍身饲虎”，画面则较为特殊（图3-16）。有学者对其进行过专门的研究，认为这幅画更强调表现宝典国三王子舍身的坚定信念以及全身心奉献的精神。画面上同时表现了用竹枝刺颈的摩诃萨埵和跳下山崖的摩诃萨埵，他们的眼神相互对视，似乎在探讨人生的意义。这种对目光与神思的深切关注，对情感和内心的认真探究，使画面不再只是佛教教义的简单图解，

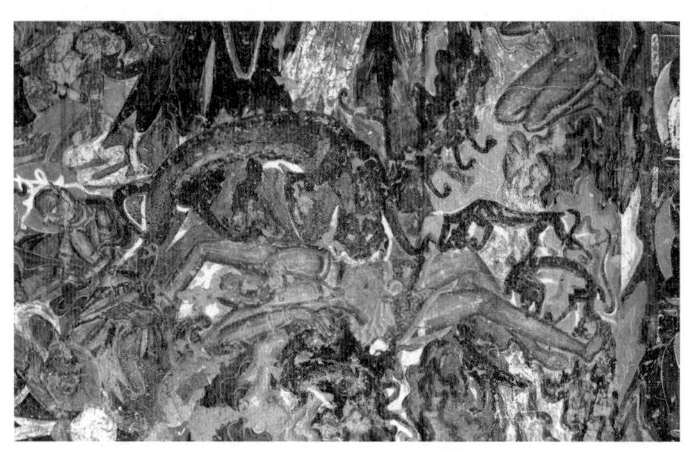

图3-16　甘肃敦煌莫高窟第254窟中的《摩诃萨埵舍身饲虎图》（局部）

而具有了一种触动人心的艺术特质。学者余秋雨认为，中华文化接纳佛教是必然的，佛教比中国的儒家、道家和法家都更关心百姓，让百姓从中获得身心安顿，具有中国本土文化缺乏的思想内容。佛教能融入中华文化并广泛传播，主要有四方面的原因：首先是佛教聚焦人的生、老、病、死，研讨如何摆脱人生的苦难；其次是佛教的基本理论精练，比如断言人生是苦，苦因是欲，而灭苦之途是建立“无我”“无常”的觉悟；其三是佛教戒律严明，为人们展示了参与其中的规则；其四是有一个严整而可以辨识的弘法团队，为佛教教义做人格示范。

莫高窟壁画刻画的虎身负重任，成为弘扬佛法的角色。相比之下，《清宫兽谱》中的虎则朴素得多，强调自然状态下的虎（图 3-17）。在画面上，一只斑斓吊睛白额虎正在山坡上漫步，只见它圆睁的双眼目光凛然，望向观者；虎口微张，露出一口森然白牙；身躯纤长，毛色彪炳，四肢粗壮有力；长尾扫地，尾尖卷起。虎身前有枝丫曲折的小树，身后有流水潺潺的山涧，置身其中的百兽之王，隐隐露出一股威严，穿透纸面直逼开卷欣赏的人。

图 3-17 《清宫兽谱》中的虎

沿用上千年的调兵信物

古人可能认为虎乃百兽之王，在丛林争斗中总是处于不败之地，因而在军事上也多以虎为尊。如《尚书·牧誓》："武王戎车三百两（辆），虎贲三百人。"孔颖达疏曰："若虎贲兽，言其猛也。"据《周礼》的记载，当时有名为"虎贲氏"的官职，是护卫天子的专职人员。汉平帝元始元年更名为"虎贲郎"，由虎贲中郎将统领，负责守卫皇宫。

虎符是古代凭信的一种，为战国、秦、汉时期帝王授予臣下兵权和调发军队的信物。虎符顾名可知即为虎形，多以铜制，虎身刻有铭文。虎符从头至尾，沿背脊中线劈成左右两半，右半符留存中央，左半符发给地方官吏或统兵的将领。君主若派官员前往地方传达命令、调动军队，后者需带上君主的右符，与地方军事将领所持的左符对合验证，两个半符能完全对合在一起，方能调动军队。因为虎符是调动军队的证物，贵在谨慎严密，所以虎符多做得短小，一掌即可握在手中，不易被人发现。

至目前为止，我国发现最早的虎符是 1975 年发现于陕西省西安市郊区山门口公社北沈家桥村的杜虎符（图 3-18）。这枚虎符由青铜制成，长 9.5 厘米、高 4.4 厘米、厚 0.7 厘米，符

图 3-18　战国晚期秦国的杜虎符

身上有铭文9行40字，错金而成。铭文为：“兵甲之符，右在君，左在杜（杜是地名，指秦国的杜县）。凡兴士被甲，用兵五十人以上，必会君符，乃敢行之。燔燧之事，虽母（毋）会符，行殹（也）。”据此可知，这是一枚战国晚期秦国的兵符，当时用兵50人以上时，必须出示虎符验证；但如果遇到烽火报警，则不用验证虎符，可以即刻出兵。杜虎符是目前所知时代最早、铭文字数最多的秦国虎符，它的造型生动，制作工艺精湛，铭文遒劲有力，一定程度上反映了战国时期秦国的政治、军事、文字以及书法艺术。

关于虎符的故事，最著名的应属魏国信陵君无忌窃符救赵。据《史记·魏公子列传》记载，战国末期，秦将白起率军在长平之战中大破赵军，乘胜围攻赵国首都邯郸。魏国的信陵君无忌认识到，魏国与赵国是近邻，又是姻亲之国，对魏国而言，赵国亡，魏国也必将灭亡，救助赵国就是救助自己。因此，他窃取虎符，调动魏军救赵，抗击秦兵，终于暂时保住了赵国和魏国的安全。由信陵君窃符救赵的故事我们可以得知，战国时期各国国君为了控制住军权，都曾实施过以虎符作为调兵信物的相关制度。

虎符自战国时期诞生以来，就作为中国古代调兵遣将的信物，一直被广泛沿用。直到唐代初年，因犯祖父李虎名讳，唐高祖才将虎符改为鱼符，后来又用过兔符、龟符。宋代曾恢复使用虎符，但到元朝及以后均改用牌，动物形状的兵符也从此退出了历史舞台。

勇猛的另一面

甲骨文和金文中的“虎”字十分形象，横过来看就是一只老虎，并特意突出血盆大口和锐利的爪，横纹和长尾也齐全。从小篆开始，“虎”字的字形开始显现今日“虎”字的雏形（图3–19）。许慎在《说文解字》中对“虎”字的解释是：“虎，山兽之君。”因而老虎又有“山君”之别称。老虎还有一个称呼是“大虫”，因为是百兽之长，通俗说来就是动物界的老大，故有此称，倒未削减其威风，《水浒传》中关于武松打虎一节便写到，“那一阵风过处，只听得乱树背后扑地一声响，跳出一只吊睛白额大虫来”。

在《诗经》里，老虎是跟凶猛、残暴等形象联系起来的。如《小雅·何草不黄》曰：“匪兕匪虎，率彼旷野。”这是一首

甲骨文	金文	简帛	小篆	隶书	楷书
					虎

图 3–19 “虎”字的演变

征夫苦于行役的哀怨诗，此句是在抱怨自己既不是犀牛又不是老虎，却要经常出没在空旷的荒野。《鲁颂·泮水》有："矫矫虎臣，在泮献馘。"意思是勇猛如虎的将军，在泮宫的庆功仪式上，献上割下的敌人的耳朵。这是一首歌颂鲁僖公平定淮夷之武功的长篇叙事诗，但同时也展现了武功背后的流血冲突和残忍戮害。人类的历史就是这样，有很长的一段时间里都充斥着鲜血和残忍。

我还记得上初一时学过一篇名为《苛政猛于虎》的文章，其中直接将残暴的政令与虎相提并论。这篇文章出自《礼记·檀弓下》："孔子过泰山侧，有妇人哭于墓者而哀。夫子式而听之，使子贡问之，曰：'子之哭也，一似重有忧者。'而曰：'然。昔者吾舅死于虎，吾夫又死焉，今吾子又死焉！'夫子曰：'何为不去也？'曰：'无苛政。'夫子曰：'小子识之，苛政猛于虎也！'"残暴的政令比老虎还要可怕，故事背后，折射的是春秋时期土地所有制发生巨大变革。

当时，由于铁制农具及牛耕的推广，西周时期盛行的井田制逐渐瓦解，个体小农生产日益活跃。各国的统治阶级为了适应社会形势的变化，进行了大规模的田制与税制改革。春秋初年，管仲率先在齐国改革，推行"相地而衰征"的政策，大意就是按照土地的优劣征收不同的农业税，让农民合理负担纳税，以此鼓励农民的生产积极性，最终促进农业生产，保证统治阶级的税收收入。楚国也紧随其后，实行了差不多的税制改革。晋国则“作爰田”和“作州兵”，把土地赏赐给农民，让他们不但有使用权，还有占有权；另外征州人服兵役，开以后军功授田之先河。但春秋时期变革影响最大的是鲁国推行的初税亩，即开始按照土地亩数对土地征税。《穀梁传·宣公十五年》记载：“初税亩。初者，始也。古者什一，藉而不税。……初税亩者，非公之去公田而履亩，十取一也，以公之与民为已悉矣。”这则记载反映了鲁国在实行按地亩征税之后，田税既取之于公田，也取之于农民的私田，之前私田之收成全归自己，现在也要纳税，公田和私田的差别实际上取消了。初税亩从律法的角度肯定了土地的私有制，使生产关系更加适应生产力的发展，这是历史进步的具体表现。有学者把鲁国的初税亩作为中国农业税征收的起点。之后，鲁国还先后推出过“作丘甲”[①]和“用田赋”[②]。孔子是反对田赋制的，但执政者季康子不顾孔子的反对，强力推行。客观地看，这些改革对加强鲁国的军事力量起到了积极的作用，各诸侯国争相效仿。孔子认为“苛政猛于虎”是有感而发，但这种认识是否符合时代潮流，则要另当别论了。

---

① 甸、丘是计量单位，1 甸田为 64 井，1 丘田为 16 井，作丘甲即把原来征收车马兵甲的标准由 1 甸田改为 1 丘田，实际上负担增加了 4 倍。

② 按田亩征收兵甲车马等军赋。

与虎相关的成语或谚语有不少，例如“虎口拔牙”“不入虎穴，焉得虎子”等，都是把老虎放在一个凶猛、威武的位置，再讲勇士奋勇向前，反映出大无畏的气概。民俗文化里出现的虎的元素也不少。例如上面介绍文物时提到的宋金时期流行的虎形瓷枕，是取老虎作为百兽之王有镇魔驱邪、趋吉避凶的寓意，又如我国某些地区盛行的给小孩子穿戴的“虎头鞋”“虎头帽”，以及过去客厅里一度流行的老虎挂画，都或多或少出于同样的心愿。

老虎是猫科中个头最大的动物，生性勇猛、凶残，十分威严与神秘。古人在最初塑造老虎的艺术形象时，就赋予老虎这些特性，在语言和文学中都是如此。后来，随着岁月的流逝，权威逐渐世俗化，老虎的艺术形象越发平常。尽管如此，虎威犹存，一直流传到今天。

第四章 住在月亮上

兔在十二生肖中排第四，与十二地支中的卯对应，故称“卯兔”。在中国的传统文化中，兔的形象是胆小、聪明、狡黠，所谓“狡兔三窟”是也，但同时古人又认为它是一种预示着王道之治、长寿的瑞兽，还被视为月亮的化身。

兔，俗称“兔子”，是哺乳纲兔形目兔科下所有属的总称。兔子是一种生性胆小、性情温顺的食草动物，是其他动物捕猎的对象，在食物链中处于弱势地位。作为食草动物，它们的牙齿尖利，上唇中央有裂缝。尾巴短而上翘，后肢较前肢发达，善跳跃，奔跑速度快，在遇到危险时能够迅速逃命。耳朵又大又长，特征鲜明，听觉敏锐，一听到周围有动静便会迅速躲藏起来。

习惯上，我们将兔子分成家兔和野兔两种，现在世界上所有的家兔都是由欧洲的野生穴兔经过长期的人工驯化而成，而野兔则属于一种和穴兔属完全不同的旷兔属，也就是说，野兔是兔科动物中除家兔以外的统称。这两类兔子的生活习性、妊娠时间、年产胎数等都有不同。如穴兔属，染色体有44条，穴居，会挖洞，喜群居，妊娠期约30天，每胎产仔4至12只，一年可产4至6胎。而旷兔属的染色体是48条，在临时性浅坑中藏身，也可能利用其他动物的洞穴，除交配季节外多独居；妊娠期多在40天以上，每胎产仔1至4只，一年可产2胎左右。因而，可以说兔子的繁殖能力极强。

值得一提的是，旷兔没有被驯化为家兔，这个特点与驴十分相似。野驴可分为非洲野驴和亚洲野驴两大类。依据动物学家的研究，全世界的家驴都是由非洲野驴驯化而来，因为性格暴躁等原因，亚洲野驴很难被驯化。这就涉及动物考古学中关于驯化的"安娜·卡列尼娜定律"。俄国作家列夫·托尔斯泰在《安娜·卡列尼娜》的开头写到，"幸福的家庭家家相似，不幸的家庭各各不幸"，动物考古学关于驯化的定律也可以表述为，"驯化的动物都是可以驯化的，不可以驯化的动物各有各的不能被驯化的原因"。

千年驯兔失败史

迄今为止，在我国数百处出土了动物遗存的遗址中，发现有兔子遗存的仅有79处，涉及黑龙江、吉林、辽宁、内蒙古、新疆、甘肃、宁夏、陕西、山西、河南、河北、北京、山东、安徽、西藏、云南、重庆、湖北、湖南、江西、广西、广东等22个省市自治区。从地域范围看，东起山东，西至新疆和西藏，北起黑龙江，南到广东，在全国范围内大都分布有出土兔子骨骼的遗址，但大多数遗址主要集中在黄河流域和长江流域。从时间跨度看，主要集中在新石器时代，也包括夏商周时期和汉代。

尽管发现兔子的遗址数量不在少数，但是仅有山东省济南市章丘区洛庄汉墓发现兔子的数量较多，其他遗址中发现的兔子骨骼数量极少。这可能是因为当时捕获的兔子数量不多，加上兔子的骨骼纤细，尺寸较小，古人在食用兔肉后，将骨骼随意丢弃，那些骨骼很容易在埋藏环境中遭到破坏，没有很好地保存下来。

我们现在看到的兔子基本上都是家兔，关于中国的家兔是如何出现的，目前学术界的观点还不一致。以往有学者认为，中国的家兔是由本土已经灭绝的野生穴兔驯化而来，也有的学者认为是先秦时期通过中西交通从外部引入穴兔，继而驯化成功。尽管存在土生土长与外部引入这两种截然对立的观点，但学者们都认为中国古代很早就出现了家兔。

1990年，学者马尚礼明确指出，中国家兔应是由外部引入，时间是在欧洲人把野生穴兔驯化成家兔以后的世纪之间或更晚一点。近年来，动物考古研究人员王娟通过研究，进一步认为，中国古代的兔子是旷兔，这种兔子是不能被驯化的。约在明代中期，人们从欧洲引入由穴兔驯化而来的家兔，这种家兔在中国境内的大规模传播以及地方品种的早期形成发生于明末清初。西方的动物考古学家已经厘清了最早的家兔起源于欧洲的发展历程：在全新世早期，穴兔的分布范围局限于伊比利亚半岛和法国南部；后来，在人类的作用下，生活在法国南部的穴兔种群逐渐传播到欧洲其他地区，以及非洲、亚洲、美洲和大洋洲；家兔的驯化开始于中世纪，最晚到 16 世纪，家兔的驯化终于完成。由于中国的考古遗址中没有发现过穴兔的证据，因此，上述马尚礼和王娟两位学者的观点是可信的。我们希望今后的考古发掘能够为探讨家兔何时出现及如何传播的问题提供更加丰富的资料，进一步推动兔子的动物考古研究。

洛庄汉墓是发现大量兔子骨骼的典型遗址，它是一座西汉诸侯王级别的墓，自 1999 年 6 月开始发掘，2000 年入选“年度全国十大考古新发现”。在洛庄汉墓，考古人员一共发现了 36 座陪葬坑，在其中出土了 3000 多件珍贵文物，尤其是 19 件编钟、107 件编磬和 3 辆大型马车，这些发现引起了考古界的高度重视和社会的广泛关注。

作为一位动物考古学家，我最关注的是洛庄汉墓的第 34 号陪葬坑，因为这是一个动物陪葬坑。从整体来看，这个陪葬坑有通道和主坑，通道与主坑的相接处建有一排封门柱。主坑长约 24 米、宽约 2 米、深约 2 米，其建造方式是先挖一个长方形竖穴土坑，然后在坑底四周铺一圈木笼。在南北向的木笼之上，每间隔一米左右竖一立木。其上南北向建有横梁，立木与木笼和横梁之间有榫卯结构相连。横梁之上，东西向排列有一层原木，其上再覆盖数层席子。这个结构实际就是在土坑之内，用木头搭建一个框架，顶上又摆上一层木头。最后在主墓室和多个陪葬坑之上，再修建封土。

我在现场对动物陪葬坑里的全部动物都做了仔细的观察和拍照留存。这些动物共有 110 余具，属于绵羊、猪、狗、兔等 4 类动物。洛庄汉墓的动物陪葬坑中出土动物的数量之多、种类之丰富，在汉王陵陪葬坑的发掘史上，尚属首次。

我们没有在陪葬坑内的绵羊、猪、狗的骨架上发现挣扎的痕迹，因而可以推断它们可能是被杀死后，按照种属分开摆放的。尽管摆放得不是十分规整，但那几种动物大致都有自己的放置范围。在陪葬坑内，我们还发现了两个专门用来放置兔子的木笼，其中有一个保存得比较好，它长约 2 米、宽约 0.5 米。木笼内发现多副完整的兔子骨架，这些骨架看上去比较散乱，可能是当时的人将活兔子放入木笼后，再放入陪葬坑，之后在顶上铺上原木，盖上席子，再堆上封土，动物陪葬坑与外界彻底隔绝。陪葬坑的空间不大，这些兔子因为缺乏氧气，最后在左冲右突的挣扎中闷死了。在主坑中距离木笼数米的空地上，考古人员还发现了几具兔子骨架，这些兔子似乎是当时被关在木笼里放入陪葬坑后，从木笼中钻出来的，但最后还是因为缺氧而闷死在陪葬坑里。这也是当时把活兔子关在木笼里直接放入陪葬坑的证据。

兔子没有固定的发情时间，一年四季均可交配繁殖，一年可以生育数次，一次能生数只，属于生殖能力比较强的动物。我依据多处考古遗址中都发现兔子骨骼、洛庄汉墓出土过关在两个木笼里的兔子、《诗经》中有抓捕和烹调兔子的描写、汉画像石中有宰杀兔子的画面、《木兰辞》中对雄兔和雌兔的细致描述等，推测在中国古代，兔子不是稀有动物，古人应该很早就有抓兔子、吃兔子的行为，因此，也很可能就有相应的饲养兔子的尝试。否则，洛庄汉墓的陪葬坑里不会出现两笼兔子。洛庄汉墓动物陪葬坑里出土的其他动物——绵羊、猪、狗——都是家养动物，它们都有被人饲养数千年的历史。坑中放了这些家养动物，再放入一种完全是野生的动物，且数量不少，显得有点不可思议。因此，将那些兔子推测为人工饲养的动物似乎更合理。这个推测还有文献为证，比如记载西汉逸事的笔记小说《西京杂记》中，有西汉早期梁孝王刘武建筑兔园的记录："梁孝王好营宫室苑囿之乐，作曜华之宫，筑兔园。"这应该是人为地控制兔子的一个尝试。王娟的研究认为，我们现在看到的家兔是明代时期来自欧洲的。但我认为，由于中国的古人在先秦时期就具备了饲养六畜的能力，特别是在距今约9000年以前就从狼和野猪中成功地驯化出狗和家猪，证明了他们具备丰富的驯养动物的知识和经验。有了这个前提，可以假定古人尝试对抓获的野兔进行饲养的行为，至少在汉代就已经出现，只不过尽管能够对抓获的兔子进行短期饲养，但想长期饲养，包括人工干预兔子繁殖的努力，可能直到明代之前也没有成功。中国古代发现的兔子是旷兔，旷兔和穴兔种属的不同可能是没有饲养成功的根本原因。这里要强调的是，尝试饲养和饲养成功是两个概念。古人从尝试饲养兔子到成功饲养兔子经历了1000多年的时光，直到明代引进穴兔，才开启成功地饲养家兔的历史。

寓意吉祥的灵兽

因兔子相貌可爱，性格温顺，活泼好动，灵活敏捷，人们常将兔子视为吉祥如意的象征，因而文物中的兔子形象也多是神态安详的。目前发现的以兔子为题材或有兔子形象的文物不多，这里先介绍玉雕类型的兔子。先秦时期的玉雕多以片雕为主，从汉朝开始圆雕造型才逐渐丰富起来。这是因为汉朝以前，中原的玉石较少，直至张骞出使西域后，中原与西域的沟通建立，大量和田玉流入中原，加上玉雕技术的发展，玉雕造型才有由片雕到圆雕的转变。

凌家滩遗址（位于安徽省马鞍山市含山县，距今约5500—5300年）10号墓出土了一件片雕玉兔（图4-1），是迄今为止发现最早的兔形玉器。这件玉器的玉质呈灰白色，长6.8厘米、宽1.9厘米、厚0.2厘米，整体呈奔跑状。兔头微微仰起，两耳贴在脊背上，尾巴上卷，后足抬起。兔子下部雕琢成长条形凹边，凹边上用对钻的方式钻出3个圆孔，还有1个孔没有钻成功。

妇好墓是殷墟遗址发掘以来发现的唯一一座保存完整的商代王室成员的墓。根据这座墓的地层关系及出土的大部分青铜器上有"妇好"字样的铭文，考古研究人员认为墓主人是商王武丁的配偶妇好。妇好墓也出土了一块片状兔子玉雕（图4-2），长10.2厘米、宽5.8厘米，厚0.19至0.52厘米，整体呈青黄色，通体抛光，器形扁平，局部有白色和褐色的受沁。

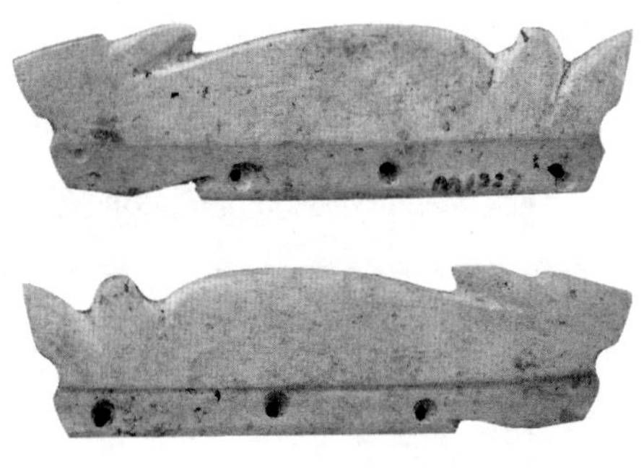

图4-1　安徽含山凌家滩遗址出土的片雕玉兔

图 4-2　河南安阳殷墟遗址妇好墓出土的玉兔

这只兔子呈俯卧状，头大身短；长耳后竖，耳上饰有鳞纹，眼部刻画双环线以代替大圆眼，口部刻画成张口露舌状；背部微凹，短尾略上卷；前后足弯曲，均雕出具体的爪子；前足上有一小孔，应为穿挂之用。整个造型看起来呆萌可爱。

北京市昌平区明十三陵之定陵为明朝第 13 位皇帝神宗朱翊钧及其孝端皇后、孝靖皇后的合葬陵。其中，孝靖皇后的棺内出土了一对明代金耳环，耳环的耳坠部分是一只脚下镶嵌了宝石的玉兔（图 4-3）。耳坠中的兔子头顶一颗色泽莹润的红宝石，身子则呈直立状，双耳上竖，又以红宝石嵌饰双眼，两只前爪抱有一杵，作捣药状，杵下有臼，兔身上刻以细密阴线作为兔毛，兔足和臼的下方有金托三个，中间那个镶嵌了猫眼石，两边的则镶嵌红宝石。这对耳环是以玉兔捣药为题材设计制作的，玉兔被视为月亮的象征，而月亮又象征皇后，故以此作为皇后的耳饰。

故宫博物院收藏的青玉嵌宝石卧兔（图 4-4）是清代乾隆

图 4-3　北京昌平明定陵孝靖皇后棺中出土的耳饰

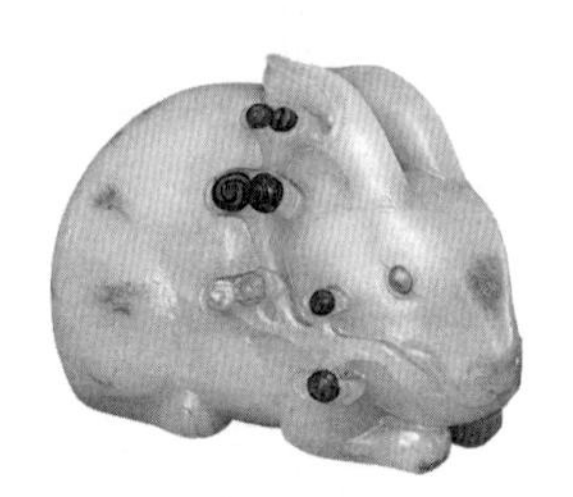

图 4-4　清代青玉嵌宝石卧兔

至嘉庆年间的玉雕作品。玉兔的材质为和田青玉，局部有黄沁，为人工染做，玉有白脑，属立体圆雕。兔头微俯，耳朵后伸，与脊背相连；兔眼嵌彩色宝石，口衔灵芝，灵芝上嵌各种颜色的宝石八颗；兔身伏卧，四足弯曲向前，前脚呈合抱状；兔的背部、双耳处有数道阴刻线，以彰显毛绒质感。卧兔的整体展现出乖巧温顺的形象。

青铜器中所见的兔形文物也不多，典型的有天马遗址晋侯墓地（位于山西省临汾市曲沃县曲村）8号墓出土的青铜兔尊（图 4–5），这是目前发现的首件以兔作为尊形的青铜器。这只兔尊的头部微微前伸，双目圆睁，两耳紧贴脊背。兔的前肢点地，后腿弯曲，呈跃跃欲试状。尾巴短小，向后伸出；背部驮着尊口，兔身两侧饰有圆形的火纹和雷纹。

清代圆明园铜制十二兽首中的兔首则是双目圆睁，鼻隆起，嘴微张，双耳向后竖起，脸部以细密阴线刻出毛发（图 4–6）。

绘画作品中兔子形象的代表应属《清宫兽谱》中的兔（图 4–7）。在画面间，可见两只白兔、一只黑兔匍匐在怪石、青草与疏枝之间。两只白兔长耳后伸，红眼睛，红嘴唇，嘴边的胡

图 4–5 山西曲沃晋侯墓地出土的青铜兔尊

图 4–6 圆明园十二兽首铜像的兔首

图 4-7 《清宫兽谱》中的兔

须毕现。远处那只头微微往前，似在凝神咀嚼，另一只则在低头采食地上的青草。黑兔则背对着画面，身体颇为富态，双耳竖起，也在低头采食。画面整体闲适自然。

除了以兔为主题的文物，还有一些文物也涉及兔子，最令人印象深刻的应是出自长沙马王堆的 T 形帛画（图 4-8）。马王堆汉墓是西汉文帝时期长沙国丞相、轪侯利苍的家族墓地，发掘于 1972 至 1974 年间。这片墓地包括了三座墓，分别属于利仓、利仓之妻及利仓之子，总共出土了丝织品、帛书、帛画、漆器、中草药等遗物 3000 余件。其中，利仓妻的 1 号墓的棺材上覆盖着一块 T 形的神秘帛画，帛画自上而下分段描绘了天上、人间和地下的景象，中间则画着墓主人的形象。秦

图 4-8　湖南长沙马王堆 1 号墓出土的 T 形帛画，左上角有兔子元素

汉时期，人们求仙问道、追求进入神仙世界的思想盛行，所以这应该是一幅用来“引魂升天”的旗幡，人间部分象征着逝者生前的荣华富贵，天上部分则象征着逝者的最后归宿。兔子的形象画在帛画的左上部。画面描绘了一名女子在空中飞翔，仰身擎托着一弯新月，月牙拱围着一只口衔灵芝的蟾蜍与一只四足腾空的兔子。当时的人们认为，兔子与蟾蜍一起出现就代表月亮。东汉的思想家王充在《论衡·说日》提到：“月中有兔、蟾蜍。”在东汉的画像石中，兔子经常与蟾蜍一同出现，宋山小祠堂（位于山东省济宁市嘉祥县满硐镇）东壁的画像石便是一例（图 4-9）。在画像石的左上角，有两只兔以后肢撑地面对

图 4-9　山东嘉祥宋山小祠堂画像石中的兔子元素

面站立，两条前肢都是一条扶臼，一条握杵，似在捣药；两兔中间有一以后肢站立的蟾蜍，两条前肢向上举着臼。马王堆T形帛画与东汉画像石中的兔子形象稍有差别，一种是月亮中的奔腾的形象，另一种则是捣药兔的形象。这两种形象的兔子都多见于汉代的画像石中，下文将继续论及。

玉兔何以捣药嫦娥宫

甲骨文中的“兔”字非常形象，直接画出了一只蹲着的兔子——头部向上仰着，长长的耳朵垂下，前后肢也鲜明地画出，仿佛在跳跃，还有短短的尾巴——可以说，基本把兔子的外形特征都展示出来了。金文延续了这种表达方式，甚至更进一步完善了兔子的形象。从小篆开始，现代“兔”字的雏形就渐渐出现（图4-10）。

许慎在《说文解字》中对“兔”字的解释是：“兔，兽名，象踞，后其尾形。”意思是说，这个字（甲骨文和金文）造得

甲骨文	金文	简帛	小篆	隶书	楷书

图4-10 “兔”字的演变

跟兔子蹲坐下来似的，后面还露出了尾巴。从“兔”字派生出来的汉字不多，但多半与兔子有关。例如“逸”，《说文解字》对这个字的解释是：“失也，从辵、兔，兔谩訑善逃也。”就是说这个字是逃跑的意思，由辵、兔会意，取兔善跑跳的特点。“冤”字也是兔的会意字，《说文解字》对它的解释是：“屈也。从兔，从冖。兔在冖下，不得走，益屈折也。”即这个字是屈缩不伸的意思，此字由兔、冖会意，兔在冖下，即兔在覆罩之下不能脱逃，只能屈折，无法舒展，引申为有不能伸张的委屈的意思。

《诗经》中也有一些篇章讲到兔子，例如赞美猎人的《周南·兔罝》写道：“肃肃兔罝，椓之丁丁。……肃肃兔罝，施于中逵。……肃肃兔罝，施于中林。”描述了猎人在广阔的原野和林木茂盛的地方，设置了网眼密密的兔网准备抓兔子的场景。没落贵族感叹生不逢时的《王风·兔爰》则写道：“有兔爰爰，雉离于罗。”意思是兔子走得自由又自在，野鸡却落入网罗中。讽刺国君听信谗言招致祸乱的《小雅·巧言》则写道：“跃跃毚兔，遇犬获之。”意思是狡猾的兔子跳跃奔跑，遇到猎狗就无处逃窜。《小雅·瓠叶》则写道：“有兔斯首，炮之燔之。……有兔斯首，燔之炙之。”大致是把猎获的几只野兔，用泥炮制，用火烘烤，烤出香味十足的兔肉，这是在描写宴饮的盛景。这些诗篇都反映出古人猎捕兔子作为食物的历史信息。汉代画像石的庖厨图中，厨房的房梁上往往吊有鱼、鸡、猪头、猪腿和兔子等，都是准备烹饪的肉食（图 4-9）。可见自古以来，兔子就是人类的肉食资源之一。

文学作品中关于兔的成语，最著名的应数“狡兔三窟”，出自《战国策·齐策四·齐人有冯谖者》：“狡兔有三窟，仅得免其死耳。今君有一窟，未得高枕而卧也。请为君复凿二窟。”大意是冯谖以狡兔三窟来提醒孟尝君要为自己多留退路，做事要有多手准备。接下来，冯谖给孟尝君建立三重保险。他先是游说魏国，说动魏国请孟尝君为相，这样就促使齐闵王向孟尝君赔罪，重新请回孟尝君为相。另外，他又请孟尝君请求齐闵王把国家的祭器和宗庙都放在薛地。这样，孟尝君有了魏国对他的信任、在齐国为相及把国家的祭器和宗庙放在薛地这三重保险，平安为相数十年。冯谖引用狡兔三窟的生物现象，反映了古人认为兔子性情机敏狡黠的特点。

《木兰辞》是我国魏晋南北朝时期的一首民歌，讲述了一个叫花木兰的女孩扮成男子替父从军，在战场上建立功勋，回朝后不愿做官，只求回家团聚的故事，热情赞扬了这名女子巾帼不输须眉的美好品质。《木兰辞》最后的几句是全诗精华所在，其中写道：“雄兔脚扑朔，雌兔眼迷离，双兔傍地走，安能辨我是雄雌。”明代的布衣诗人谢榛认为，“此结最着题，又出奇语。若缺此四句，使六朝诸公补之，未必能道此”。谢榛的评论，堪称入木三分。因为这四句除了显示出对花木兰巾帼不让须眉之气概的赞扬，更反映了作者对兔子的观察细致入微——平时兔子都是趴在地上奔走，雌雄难辨，只有抓起来观察，才能发现原来雄兔的双脚会扑朔动弹，而雌兔只会眯着两只眼睛。

关于兔子的传说，首先想到的是明代小说《封神演义》中的伯邑考。小说里讲到，商朝末期，纣王暴虐，百姓怨声载道，西伯侯姬昌联络诸侯起兵讨伐纣王。纣王得知消息后，将姬昌诓来囚禁起来。姬昌长子伯邑考为了救父，带来重礼恳求纣王宠姬妲己。岂料妲己贪图伯邑考美色，勾引未果，爆发冲突。妲己向纣王进谗言，声称遭到伯邑考调戏，最后伯邑考被剁成肉酱。妲己跟纣王说姬昌是圣人，圣人不吃子肉，如果吃了，就代表传言有假，如果不吃，则要提前斩草除根。纣王便将伯邑考做成肉饼赐给姬昌。姬昌心知肚明，但为了保命，只好吃下肉饼。等到终于逃到安全之地，姬昌觉得一阵恶心，张嘴吐出了儿子的肉，这些肉落地后化成了三只白兔。人们便认为，兔子乃是伯邑考的精魂所化。

不过，关于兔子的传说，更为广泛流传的应该是玉兔捣药。玉兔捣药与嫦娥奔月一样，都是月亮传说的主要构成部分。而嫦娥奔月，则和女娲补天、后羿射日、精卫填海一样，都是中华民族最经典的神话故事，代代流传。

我们可以探究一下玉兔捣药的缘由。前面说到，西汉早期的马王堆帛画和东汉画像石中都有兔子与月亮的形象，但这两者稍有差别。事实上，汉代画像砖石、帛画等图像材料中经常可以看到月中有兔的形象，这证明至迟到西汉前期，兔子已经和月亮联系在一起，而月中有兔的传说应该比这更早。

关于月中有兔最早的记录应该是战国时期楚国诗人屈原的《天问》，这是一篇探讨自然社会运行发展规律的作品。屈原在其中写到，“夜光何德，死则又育？厥利维何，而顾菟在腹？”这句话的意思是，月亮有什么高尚的德行，可以缺而复圆？它上面的黑影是什么东西？难道是一只顾菟在里面吗？

顾菟是何含义，历来众说纷纭，但主要的说法有两种：其一认为顾菟是一种兔子的专有名称；其二则是近代学者如闻一多等主张的蟾蜍或虎说。鉴于后来玉兔在月宫中捣药的传说盛行，我们只探讨第一种说法。这种说法的论据有二。其一，月亮的圆缺盈亏周期是一个月，周而复始，生生不息，这跟兔子的怀孕周期及一年多胎、一胎多子的强大的繁育能力对应。所以，古人很自然地将月亮与兔子联系起来了。其二是阴影说。这一观点认为月中阴影的形状同兔子形似，因而附会出月中有兔的说法，例如东汉张衡在其天文学作品《灵宪》里写到，“月者，阴精，积而成兽，像蛤兔焉”，认为月亮表面的斑点像蛤蟆（蟾蜍）、兔。

根据以上的图像和文字资料可以推断，至迟到西汉前期，兔（与蟾蜍）已经成为月亮的代表。例如山东枣庄出土了东汉早期的画像石，其中有日、月画像。但需要注意的是，这些画像中月亮里的兔子，几乎都是呈奔跑状的，而非捣药的玉兔，这种情况大概一直到东汉中期才开始发生改变。

从文字来看，现有典籍关于玉兔捣药的最早记载，要数汉乐府《董逃行》，其中写到“采取神药若木端。白兔长跪捣药虾蟆丸。奉上陛下一玉柈，服此药可得神仙”。这是说月亮上有一只兔子，浑身洁白，它负责持玉杵捣药，做出虾蟆丸，服此药可成仙。汉乐府是汉武帝时期设立管理乐舞演唱教习的机构，负责采集民间歌谣或文人的诗歌来配乐，以备朝廷祭祀或宴会时演奏之用。由此可推断，至迟在汉武帝时期就已经出现了玉兔捣药的传说。之后的历代都有玉兔捣药之说。如晋代文学家傅玄曾在《拟天问》中写到，“月中何有？白兔捣药”。唐代诗人李白《古朗月行》有“白兔捣药成，问言与谁餐”之句。宋代文学家欧阳修《白兔》也有“天冥冥，云蒙蒙，白兔捣药姮娥宫”之言。明代小说《西游记》中讲到了从月宫下凡的玉兔精，用捣药杵大战孙悟空的故事。

那汉代墓葬艺术中的奔兔形象是如何变成捣药兔形象的？有研究认为，这是因为汉代追求不死长生之风盛行，原来的奔兔已经无法满足人们心里的这种时代渴望，因而引进了神仙世界的元素。这捣药的玉兔就是出自以西王母为代表的神仙世界。

秦汉时期，由于道教的发展，人们争相求仙问药，追求长生。所以汉代的墓葬艺术中，经常会出现以西王母为代表的神仙元素。上述马王堆 1 号墓的 T 形帛画就是展现了墓主人对死后升仙、进入不死的神仙世界的渴望。在两汉有关西王母的画像砖石中，经常可以看到玉兔或单独或成双地出现在西王母座下，有时又与蟾蜍、九尾狐、三足乌或者其他仙禽、瑞兽一起出现。玉兔的形象或跪或立，常作持杵捣药状，也有对臼调药状。尤其是在东汉中期以后，西王母与捣药玉兔（有时候又加上蟾蜍、三足乌、九尾狐）的图像，大量出现在山东、江苏徐州、河南、四川、陕北等地的画像砖石等墓葬装饰中，作为神仙世界的象征。在当时人的眼中，西王母拥有不死仙药，她座下作捣药状的玉兔自然就是这不死药的制作者了。

嫦娥奔月作为月亮传说最经典的内容，本身就跟不死药有着无可解脱的牵连。这个典故最早见于汉高祖之孙、汉武帝之叔淮南王刘安主持撰写的《淮南子》，其《览冥训》中说到“羿请不死之药于西王母，姮娥窃以奔月”，意思是说，后羿向西王母求到了长生不老药，却被妻子嫦娥偷吃而奔上了月宫。于是，西王母座下不死药制造者玉兔，渐渐地就与月宫中固有的兔子融合，成为常伴嫦娥仙子的仙兔。于是，我们就在山东安丘汉墓画像石中，看到了月亮与持杵捣药的玉兔、蟾蜍共处同一画面的场景，也在山东滕州市官桥镇大康刘庄出土的属于东汉晚期的日月星画像石中看到月轮内刻有蟾蜍和捣药的玉兔。

因此，可以说，最迟东汉晚期，捣药玉兔已经取代原先四足腾空、向前奔跑的兔子，和蟾蜍一起成为月亮的象征物，并从此常驻月宫。至此，兔子完成了从普通生灵到月中奔兔，最后成为月宫中常伴嫦娥的捣药仙兔之旅。

这种浪漫的古代传说流传至今，又增添了新的时代元素。2007 年 10 月 24 日、2010 年 10 月 1 日，“嫦娥一号”和“嫦娥二号”这两颗人造卫星分别在西昌卫星发射中心成功发射升空。到了 2013 年 12 月 2 日，中国科学家再次在西昌卫星发射中心成功将“嫦娥三号”探测器送入轨道。2013 年 12 月 14 日，“嫦娥三号”着陆器与巡视器分离，15 日，中国首辆月球车“玉兔号”巡视器顺利驶抵月球表面。到 2018 年 12 月 8 日，中国在西昌卫星发射中心再次成功发射“嫦娥四号”探测器。2019 年 1 月 3 日，“嫦娥四号”探测器成功着陆，第二辆月球车“玉兔二号”巡视器顺利到达月球表面。“玉兔号”和“玉兔二号”月球车携带多种仪器，负责科学地探测月球地质、资源等方面的信息，为研究月球和太阳系做贡献。

中国科学家以“嫦娥”给探测月球的人造卫星和探测器命

名，以“玉兔”给月球车命名，将中国的现代空间科学技术和美丽的古代传说结合起来，科学性和历史性并举，严谨性和浪漫性交织，让中国的航天故事中带上了浓浓的中国元素，这何尝不是弘扬中国文化的另一种形式？

第五章 国之图腾

龙在十二生肖之中排行第五，是一个比较特殊的生肖，因为除了它，其他十一种生肖都是真实存在的动物。当看到与那十一种生肖相关的文物造型或图像时，我们能马上联想到与之对应的活生生的动物。但龙不同，这是一种在古代和现代都不存在的动物，是古人创造出来的想象体，这就给龙增加了很多神秘色彩。如今一说到龙，我们马上想到的就是它们在天上腾云驾雾的样子。

实际上，6000 多年来，古人塑造的龙的造型有过从爬到飞的演变过程。年代越久远的与龙有关的文物，就与我们现在观念中的龙差距越大。自 20 世纪 20 年代初起，学者们就开始讨论龙的来源。那么，龙究竟是怎么来的呢?

鳄鱼与蛇，龙的原型?

如今，多数学者都认为，龙这种想象中的动物，其主体参照物是鳄鱼，跟蛇也有关系，总之是跟爬行动物有关。这里选择有代表性的观点作简单介绍。

第一种说法是大蛇主体说。学者闻一多在《伏羲考》一文中便认为，龙是一种仅存在于图腾且并不存在于生物界中的虚拟生物。他推测，古代某个以大蛇为图腾（其图腾名称就叫“龙”）的氏族，在战争中兼并和吸收了许多其他各种图腾部落，大蛇图腾也随之以“兽类的四脚，马的头，鬣的尾，鹿的角，狗的爪，鱼的鳞和须……”糅合成全新的图腾，即我们今天所见之龙。

第二种说法是鳄鱼说。如学者章太炎在《说龙》里考证《左传》《汉书》《说文解字》《三国志》等古代文献中的相关记载，提出“龙就是鳄鱼”的观点。他还以两个马来人一人面对鳄鱼进行挑战，一人骑在鳄鱼背上，用布条将鳄鱼的颈部至嘴巴缠住以控制鳄鱼为例，推测那就是古代的御龙术。

1957 年，中国古生物研究的泰斗杨钟健院士在《演化的实证与过程》一书中，专门辟出一章讨论龙的形成。他从自己 20 世纪 30 年代研究殷墟遗址出土的动物遗存时没有发现龙的遗存说起，考虑到甲骨文中有“龙”字，这个字除了有角这点不可解，大口、纹身、弯曲等，都是鳄鱼的特点。但甲骨文中的“龙”字没有表示四肢的部分，这又和蛇比较接近。

1981 年，浙江省文物考古研究所的研究员王明达从神话传说、古史研究、民间习俗、生活习性、文物等方面进行考证，认为中国古代神话中的龙，其形象的基调是鳄鱼。1986 年，中国研究鳄类的著名学者陈壁辉认为，神话中的“龙”应该是人们在多种爬行动物的基础上，经过艺术加工和升华，再赋予神秘的、超人的能力而成。他基于自己长年在野外从事扬子鳄人工饲养和繁殖的实践经验，对杨钟健院士不理解的“有角”进行了解释：老鳄头顶的鳞棘经常高高地突起，且鳄鱼性喜在水中静浮，此时常常仅露出头的上部和吻端，远远望去，会觉得它们的鳞棘尤其突出。如今，在扬子鳄出没的地方，人们多将老鳄头上突出的鳞棘视为角，这与古人的观察是一致的。

21 世纪以来，中国社会科学院考古研究所的研究员朱乃诚从考古发现的角度思考，认为西水坡遗址发现的距今 6000 多年蚌壳摆塑的龙是中国出现的最早的龙，其形象就来源于鳄鱼。他举扬子鳄为例，这种动物生性凶猛，极具威慑力，其吼声及仅头部浮露水面、夜间目光如炬的习性，都能使人们对其产生敬畏感；而扬子鳄的吼声又与天将下大雨的气象有联系，容易使人联想到扬子鳄具有通天的神威。《甲骨文合集 13002》载“乙未卜：龙，亡其雨？”,《甲骨文合集 29990》载“其乍（作）龙于凡田，又（有）雨？”《左传·昭公十九年》载“郑大水，龙斗于时门之外洧渊”，这些记载所指的龙应该是鳄鱼。这也证明，商周时期人们就已经注意到鳄鱼与天将下雨有关了。

第三种则是蛇与鳄鱼杂糅说。北京大学中文系教授李零依据对古文字、古代文献和文物的研究，指出龙是人们通过结合鳄鱼、蜥蜴、蛇等爬行动物的特征想象而成。他认为，古之所谓龙，身躯、花纹源自蛇，头、角、鳞、爪源自鳄鱼。鳄鱼与龙的关系最紧密。中国林业出版社的编辑黄华强多年来致力于探讨扬子鳄与龙的关系。他从扬子鳄的外形、骨骼、生态、行为、古代文献及考古遗址出土的扬子鳄遗存入手，结合考古遗址出土的各类与龙相关的文物，探讨古人塑造的龙的创作原型及发展过程。他认为尽管各地出土的与龙相关的文物在形状上有所区别，但它们都是以鳄鱼为原型进行龙题材的创作的。

既然多位学者都认为龙是以鳄鱼为原型创作的，我便从古生物学的角度说说鳄鱼。鳄鱼的历史不但悠久，而且离奇。依据古生物学家的研究，从动物化石的记录来看，最早的鳄鱼和恐龙一起出现于三叠纪（距今约 2.5 亿—2 亿年）晚期。鳄鱼尽管和恐龙一起出现，地位却远在恐龙之下。1 亿多年后，即在距今大约 6500 万年之时，发生了生物大灭绝事件，长期以来的陆地霸主恐龙被无情地淘汰，鳄鱼却躲过了劫难，活了下来。在进入新生代（开始于距今 6500 万年）后的几千万年里，鳄鱼的身体构造基本定型，没有出现大的变化，因此，鳄鱼也被称为“活化石”。可以说，鳄鱼在 2 亿多年前出现后，目睹了爬行动物的衰败、恐龙的灭亡、哺乳动物的兴起和人类的成长，至今仍然顽强地在地球上继续生存，因而是一种演化得极其成功的爬行动物。

据中国科学院动物研究所专门研究古动物史的研究员郭郛考证，古代中国境内的鳄鱼有三种，包括主要分布在黄河流域和长江流域的扬子鳄，主要分布在珠江流域的马来鳄，以及主要分布在台湾岛和海南岛的湾鳄。按照动物考古学的研究结果，自新石器时代以来，发现鳄鱼遗存的遗址分布在陕西、山西、河南、山东、安徽、湖北、浙江、广西、广东等地，共有20多处。这些遗址分别位于黄河、长江、淮河、邕江等流域，时间跨度从距今8000多年一直延续到汉代。由此可见，从8000多年前开始的漫长历史阶段，在相当广阔的地域范围内，古人都与鳄鱼有过交集。在以上大部分遗址出土的鳄鱼遗存，被鉴定为扬子鳄。

扬子鳄属于爬行纲、鳄目、短吻鳄科、短吻鳄属，是国家一级保护动物。现代野生扬子鳄生存于北纬30℃左右的长江下游的湖泊、沼泽环境，当地的气候属于亚热带，温暖湿润，全年最低气温在0℃以上。扬子鳄在古代文献中被称为“鼍”。不过，目前出土的一些鳄鱼遗存，因为骨骼过于破碎、缺乏明显的特征，只能确定其属于鳄目，而无法再具体细分科、属、种。所以，郭郛提到的湾鳄和马来鳄，在考古遗址中尚未发现相应的骨骼。

不过，目前古DNA研究手法已经广泛应用到动物考古研究中，面对过于残破的鳄鱼骨骼，尽管无法依据形状特征判断其种属，却可以依靠古DNA进行测试，使之一锤定音。科技考古研究人员对清凉寺遗址（位于山西省运城市芮城县，距今约4300—3800年）出土的鳄鱼骨板开展过锶同位素研究，发现鳄鱼的锶同位素值与当地的锶同位素值一致，证明鳄鱼就是当地产物。可见在4000多年前，位于黄河中游地区的清凉寺一带具有亚热带气候温暖湿润的特征，且还有较大范围的湖泊、沼泽环境，适宜鳄鱼生长。当时黄河流域的自然环境尚且如此，长江流域及其以南地区当然就更具备适宜鳄鱼生长的条件了。

考古遗址中出土的破碎的鳄鱼骨骼，应该和出土的其他动物破碎的骨骼一样，都是被古人捕获食用后遭到遗弃的。考古人员还有一个重要发现，即古人除了食用鳄鱼的肉，还会用鳄鱼的皮来做鼓面，如在石峁遗址、陶寺遗址（位于山西省临汾市襄汾县，距今约4300—3900年）中都发现了扬子鳄的皮做的鼓面，这种鼓被称为“鼍鼓”。《诗经·大雅·灵台》有“鼍鼓逢逢，蒙瞍奏公”的描述，其意就是把扬子鳄皮蒙的鼓嘭嘭敲响，盲人乐师奏起音乐庆祝成功。

古代文献中还有关于养龙的明确记载。例如《左传·昭公二十九年》明确记载了舜的时代有善于养龙的豢龙氏，又讲到夏朝的孔甲因为顺服天帝而被赐4条龙，他找来陶唐氏的后代刘累饲养龙，还给刘累赐姓御龙氏，结果这些龙中的一条被刘累养死了，刘累把龙剁成肉酱送给孔甲吃。汉代司马迁也在《史记·夏本纪》里记载了大意相同的内容。据李零的研究，豢龙、扰龙、御龙都是指养鳄鱼，而《左传》和《史记》中的相关记载，则是依据古人养鳄鱼的传说编撰而成的故事。

新石器时代的考古遗址中出土了印证龙的原型是鳄鱼或蛇这种推测的实物，例如第三章提到的西水坡遗址45号墓出土的蚌壳摆塑龙虎图（图3-1），其中龙的图案是龙头昂起，吻部很长，大嘴微张，露出长舌，前爪扒，后爪蹬，身躯微耸，长尾伸直，状似腾飞。而蚌壳摆塑龙虎连体图（图3-2）中，龙头微微昂起，龙嘴稍稍张开，自龙颈处开始，与虎尾连在一起。蚌塑人骑龙和奔虎图（图3-3）中，龙昂首，长颈，舒身，高足，尾巴伸直，整体作回首张望状，腰上骑有一人。学者朱乃诚认为，之所以在墓里摆放这两种动物的图案，很可能是墓主人生前曾制服过龙（鳄鱼）与虎，他死后，人们为了纪念他，便以蚌壳摆塑出这两种动物。

除了探讨扬子鳄与龙的关系，黄华强编辑还一直专注于研究扬子鳄与龙形玉器、青铜器的关联。他收集了各种姿态的鳄鱼照片和游动喷水的视频。这里展示3张出自他手的扬子鳄的图片（图5-1、图5-2、图5-3）。从直观上看，西水坡遗址那些用蚌壳拼出来的龙的图案，与这些扬子鳄十分相似。

而支持大蛇主体说的遗物则来自陶寺遗址，这是中国新石器时代的著名遗址。该遗址出土的遗迹有城墙、观象台及墓地等。遗址里的墓地分大墓和小墓，大墓的随葬品丰富，小墓的则很少，可见当时在同一个氏族里已经出现了贫富分化。考古研究人员在多座大墓里都发现了一种很有特色的陶盘，他们将之命名为“龙盘”（图 5-4）。这种陶盘的陶胎为灰褐色，内壁施以黑色陶衣，用红彩或红、白彩绘出龙的图案。这些所谓的龙，有的额部较高，有的没有额部，吻部均较长，有的嘴里带

图 5-1 扬子鳄侧面图

图 5-2 扬子鳄趴伏图

图 5-3 扬子鳄尾巴弯曲图

图 5-4　山西襄汾陶寺遗址的陶制龙盘

牙，有的无牙，舌外伸，伸出部分呈树杈状，以红色和底色相间来表现龙躯的鳞片。我认为这些图案里的龙是以蛇为主体塑造的，因为它们都没有足，身躯像圆圈那样盘起，特别是伸出来的舌头很长，而且还分叉，这跟蛇的分叉长舌十分相似。

从西水坡遗址发现的蚌壳摆塑的龙和陶寺遗址出土的龙盘来看，当时的古人在精神文化领域已经为这些龙赋予含义，但在具体形象上，这些龙又保留了扬子鳄和蛇等原型动物的很多特征，以至于我们能够很轻易地辨认出它们分别来自扬子鳄或蛇。

从文物看龙的形象进化

龙形文物的造型或许更能清晰感知龙形象的塑造过程。在新石器时代，古人主要依据扬子鳄和蛇的形象来塑造龙。进入夏商周后，在很长一段时间里，龙的形象都主要以扬子鳄为原型。自战国开始，人们开始将扬子鳄与蛇的原型合为一体，在此基础上塑造的龙逐渐成为主流，这时候的龙开始与我们印象中的龙接近了。自南宋开始，我们现在印象中的龙正式出现。

妇好墓中出土了一件玉龙（图 5-5），整体造型较为简单古朴。它的玉质呈碧绿色，作蜷曲状，头尾几乎相接，中间仅留些许间隔。龙的细尾内卷，背部中脊隆起。龙首为圆雕，张口露齿，吻部前突，眼呈“臣”字形，眼珠凸出。龙的眉毛细长，两个锤形角往后伸，角尾微微上翘，角上饰折线纹和小卷

图 5-5　河南安阳殷墟妇好墓出土的玉龙

云纹。整个龙身和龙尾都饰有排列有序的菱形纹和三角形纹。值得注意的是那两个锤形角，与前面提到的鳄类研究专家陈壁辉关于“老鳄头顶的鳞棘经常高高地突起，且鳄鱼性喜在水中静浮，此时常常仅露出头的上部和吻端，因而远远望向水面，会觉得它们的鳞棘尤其突出”的说法完全一致。

关于商周时期龙的形象，最有说服力的发现当属陕西省宝鸡市扶风县海家村出土的西周青铜爬龙（图 5-6）。这件青铜器长 60 厘米，重 19 千克，整体造型雄健，体形硕大壮伟。龙头较大，头上有两只硕大的锤形角，双眼圆鼓、凸出，双耳斜出，方形的龙口大张，上下唇翻卷，双齿紧扣。从侧面看，头部前伸，高鼻梁斜挺。龙身弓起，颈部尤甚，腰部下垂，腹部

图 5-6　陕西扶风海家村出土的西周青铜爬龙

微微上收，尾部上卷，作爬行状。龙背从顶部到尾部都有高挺的扉棱，棱随身体呈曲线变化，重心聚集在头、颈部。龙的四足残，其中三足上明显留有铸接痕迹，可能是为了把龙爪与足连接在一起。龙体上饰阴刻斜方格纹，脊、腿部饰云纹，角顶饰有圆涡纹，体周饰斜折线纹及涡状云纹。李零将这只爬龙的形象与甲骨文的“龙”字放在一起比较，发现除了四肢，两者几乎一模一样。

张家坡西周墓（位于陕西省西安市）出土的青铜邓仲牺尊（图 5-7）上也有龙的形象。这只牺尊的整体似牛、似马又似羊，头生双角，颈部微曲，腹生双翼，四腿带蹄。两角中间至颈上立有一龙。驹背开有方形尊口，尊口有盖，盖上立有一凤鸟。驹前胸爬有一龙，驹尾上也立有一龙，三龙皆以鳄鱼为主体塑造。驹身通体饰饕餮纹、夔龙纹和雷纹。

到战国时期，龙的形象发生改变。中山国遗址 1 号墓出土的错金银四龙四凤铜方案便有当时的龙的形象（图 5-8）。此方案由底座、方形案框和案面组成，出土时案面已朽。最上层是放置案面的四方形框架，案身是穿插组成方案支撑结构的四龙四凤，案座底部为一圆环，圆环边上有 4 只跪卧的梅花鹿，作为承托的支脚。整个方案最引人注目的是案身部分。4 条龙昂首挺胸，分向四方；嘴巴微张，露出锐利的牙齿。龙角较长，向后延展；龙颈修长，颈、胸饰有鳞纹；腿部仅有两足，龙爪

图 5-7 陕西西安张家坡西周墓出土的青铜邓仲牺尊

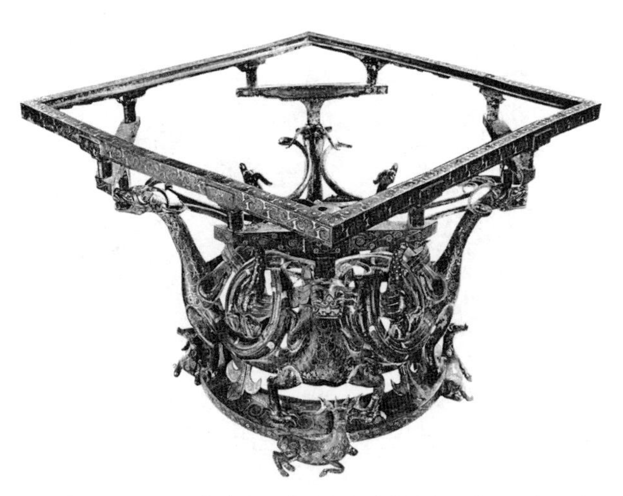

图 5-8 河北平山中山国遗址出土的错金银四龙四凤铜方案

锋利，抓扣在圆环底座上。龙的身躯自脖颈以下一分为二，向两侧伸展，绕过展翅的凤鸟又回转，尾尖分别与龙头的双角勾连，整体呈现出一幅龙飞凤舞的动态画面。据中国社会科学院考古研究所的莫阳博士考证，整个方案需要制作 78 个部件，经 22 次铸接、48 次焊接完成，共计使用了 188 块泥范、13 块泥芯。其设计堪称神来之笔，制作工艺也是巧夺天工。

汉代的龙的形象又出现新的变化，典型的例子出自第四章提到的长沙马王堆汉墓 1 号墓棺盖上覆盖的 T 形帛画，其天上部分画有两条左右对称在空中腾飞的龙（图 5-9）。龙头昂起，龙嘴大张，长舌伸出且卷曲，龙眼凸出，较长的龙角向后伸，

图 5-9　湖南长沙马王堆 1 号墓出土的 T 形帛画中的龙

龙颈细长，龙躯如蛇身，几度弯曲，身上遍布鳞纹，四爪前后伸出，爪尖锐利。这两条龙的头部、四肢还能看出扬子鳄的形象，但身躯部分则完全是蛇的样子了，因而可说兼有扬子鳄与蛇的特征。

南宋画家陈容，号所翁，尤善画龙，其所画之龙被称为“所翁龙”，成为后人画龙的典范。陈容所画的龙有分叉的角，圆睁的龙眼，张开的龙嘴，锋利的牙齿，飞扬的龙须，粗壮强劲的龙躯，尖利的龙爪，它们或飞跃于山峦之上，或穿梭在云气之间，或游弋于波涛之中（图 5-10）。这些龙的形象已经跟我们现在看到的龙几乎没有差别了。自陈容之后，龙的形象基

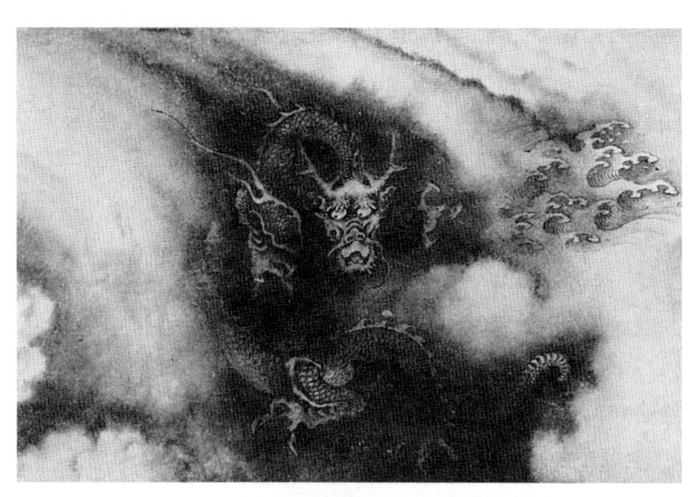

图 5-10　南宋画家陈容的《六龙图》（局部）

本确定下来，后世所画之龙多是在“所翁龙”的基础上进行演绎的。

明清时期的九龙壁上的龙就源自“所翁龙”。如位于山西省大同市平城区的大同九龙壁，建于明代洪武二十五年（1392年），是明太祖朱元璋第十三子代王朱桂府前的影壁。这是中国现存规模最大、建筑年代最早的一座龙壁，堪称“中国九龙壁之首”。这座九龙壁用黄、白、紫、蓝、绿五色的特制琉璃构件拼砌而成，上面共有九条腾飞的龙，正龙居中，升龙和降龙居于两侧，每条龙都呈现出张牙舞爪的姿态。

还有一种龙的形象不能忽略，即唐代十二生肖陶俑中的龙（见拉页），尽管它的样子不如前面所述之龙那般特征明显，气势非凡。这个生肖俑的龙的身体跟其他生肖俑相同，但头部颇有特色，嘴巴伸出，眼睛外凸，额部有一个像冠一样的突起，看上去十分像鳄鱼。

从灵兽到帝王象征

文字中记载的与龙相关的信息则更多且更早。首先就是甲骨文里的“龙”字。前面说到，甲骨文中的“龙”字与西周青铜爬龙十分相像。具体说来，甲骨文中的“龙”字就是一条竖着立起的龙的侧面，有头有尾，头部像鳄鱼，头角峥嵘，嘴巴大张，还有龙须，身躯兼有鳄鱼和蛇的特征，尾巴长而卷起。金文的“龙”字延续了这种形状，只是笔触更为圆润。从小篆开始，“龙”字开始具备现代繁体“龙”字的雏形（图 5-11）。

《山海经》里明确提及了不同种类的龙，其形态与能力都有所不同。例如《大荒西经》中提到应龙是一种与雨水高度相关的有翼之龙，“大荒东北隅中，有山名曰凶犁土丘。应龙处南极，杀蚩尤与夸父，不得复上。故下数旱。旱而为应龙之状，乃得大雨”；《南山经》中提到一种名为“虎蛟”的四足之龙，“其状鱼身而蛇尾，其音如鸳鸯，食者不肿，可以已痔”，这种龙吃了可以防治痈肿、痔疮等疾病。

《周易·乾卦》中有“飞龙在天”“云从龙”“震为龙”等表述，都证明古人认为天上的云雨、闪电和雷鸣都由龙所掌控。

《周礼·春官宗伯·司常》载“司常掌九旗之物名，各有属，以待国事。日月为常，交龙为旂……”记述了周朝时期，天子出行有不同的仪仗，司常管理的仪仗中便有九种图案各不相同的旗帜，其中有一种画有两条彼此交缠的龙，叫作“旂”。

甲骨文	金文	简帛	小篆	隶书	楷书
				龍	龍

图 5-11 “龙”字的演变

如前所述，《左传》里甚至记载了先人养龙的经历，说舜帝时期飂国国君叔安的后裔董父善于养龙，专心为舜帝饲养龙，取得非常好的效果，因而获赐名“豢龙氏”。此外，也有上述提及的夏朝孔甲请陶唐氏后人刘累养龙之事。

汉代的《礼记・礼运》则记载，“麟、凤、龟、龙谓之四灵”。《说文解字》则进一步解释：“龙，鳞虫之长。能幽，能明，能细，能巨，能短，能长；春分而登天，秋分而潜渊。”这是在说，龙是有鳞动物的首领，能飞天能潜水。

古人从创造龙开始，就赋予龙以神圣含义，这种做法代代相传，并进一步融合、升华、神化，最后形成了龙是帝王象征的观念。至封建时代结束，龙更进一步成为我们这个多民族汇聚形成的大一统国家的象征。归总起来，典籍中流传的龙的形象有三种。

第一种，龙是一种能飞天潜水、与上天沟通的动物，常常与吉祥、好运相关联。这种说法多见于先秦文献，例如《诗经・商颂・玄鸟》。这是一首祭祀商王武丁的乐歌，其中说到“龙旂十乘，大糦是承”，就是说驾着十辆插了交龙旗的大车，满载丰盛的食物来供奉先王。《周易》相传是周文王姬昌所作，是用于占卜预测未来的理论，里面有64卦384爻，例如《乾卦・九五》的爻辞是“飞龙在天，利见大人”，本意为巨龙高飞于天上，更易于见到有道德并身居高位者，得此爻意味着君子将大有作为。

第二种，龙是一种与雨水高度相关的灵兽，或者说是负责行云布雨的神灵。龙的地位之所以被抬升并神化，可能与农作物的收成高度依赖雨水有关。在农耕时代，龙作为一种能够控制气象、行云布雨的神兽，向它们祈祷并求得雨水，保证农业正常生产，是干旱之时人们必行的仪式。西汉哲学家董仲舒在《春秋繁露·求雨》中就记载了人们舞龙求雨的仪式，春季“以甲乙日为大苍龙一，长八丈，居中央。为小龙七，各长四丈，于东方。皆东乡，其间相去八尺。小童八人，皆斋三日，服青衣而舞之”。文中对每个季节举行求雨仪式时的人数、仪礼规范、所用道具的数量和长度等都一一注明。

古人的实际行为总是先于文献记载，因而可推断，舞龙求雨的做法应早已有之，董仲舒只是将这种行为记载下来。到如今，我们已无法追溯舞龙求雨的源头，而随着时间的推移，这种官方的正式礼仪也逐渐变成民间的一种娱乐形式，求雨的目的则湮没在历史长河里。例如如今元宵节舞龙灯的传统，就是由舞龙者手持龙具，在鼓乐的伴奏下，做出翻滚跳跃、穿梭戏耍等动作。除了以舞龙等仪式求雨，我国还有各种龙王传说，散见于山东、福建、广东等地的往龙王庙祭拜上香的习俗，就是此种说法的延伸。

龙的第三种形象是权力、尊贵与帝王的象征。《史记·秦始皇本纪》里记载，秦始皇三十六年，民间有人传“今年祖龙死”；秦始皇自己也说，“‘祖龙’者，人之先也”。这些都是以“祖龙”代指秦始皇。我们现在习惯称皇帝为“真龙天子”，其源头则在《史记》。司马迁是第一个直接说皇帝就是真龙的历史学家，他在《史记·高祖本纪》里用了两件事证明刘邦是真龙天子。其一，刘邦之母刘媪在大湖边上休息，梦见与神相遇，当时雷电交加，天昏地暗，刘邦之父前往察看，发现刘媪身上趴有一条龙，之后不久，刘媪就怀孕并生下了刘邦。其二，刘邦常常到王媪、武负的酒肆喝酒，喝醉了就睡在那里，于是王媪和武负经常看到他头顶上空出现一条龙。这两件事都是在用一种灵异的表现来证明刘邦是真龙天子，不同于凡人。自此之后，龙成了帝王、尊贵、权力的象征，皇帝们开始以龙自居，凡其所用之物，均冠以“龙”字，例如所坐之椅为龙椅，所穿衣物为龙袍，所生之子为龙种等。

可以说，以上种种形象都是远古时代的龙神崇拜的遗迹，随着对自然的认识加深，原先对龙神的虔诚崇拜可能渐渐消失，但这种崇拜意识则仍留存在中华民族的文化传统之中。与龙相关的民俗或节日在我国颇多，例如端午节的赛龙舟，农历二月二的龙抬头，纳西族的龙王庙会等。这里可以端午节的赛龙舟为例说一说。闻一多在《端午考》中就指出，所谓的赛龙舟，也就是龙舟竞渡，应是史前图腾社会的遗俗。他考证认为，龙舟竞渡是龙神崇拜的产物，原本应是一种辟邪禳灾的习俗。春秋战国时期，这种活动盛行于吴国、越国和楚国，唐代以后演变成天子和百姓都喜爱的水上表演，到明清两代达到至盛，我国 12 个省的 227 种地方志中都有相关记载。直至如今，龙舟竞渡仍是一种特定的文化现象，在江苏、浙江、江西、湖南、福建、广东和广西等地流行。

中国自古以来就是个多民族国家，各民族都有自己崇拜的图腾，而历朝历代也在不断地进行民族的交流和融合。龙作为一种糅合的图腾，与我国这种民族融合传统是契合的。如果说要寻找一种动物、一种图腾，来代表这个不断融合和发展的大一统国家，那就非龙莫属了，正因如此，古人才会不断地在墓葬艺术中刻画龙的形象，将龙铸造在青铜器上，绘制于图画中，还编撰出与龙相关的故事，认真地传播龙文化。正是由于这样一种经历了至少 6000 年的历史与文化积淀，自 20 世纪以来，我们逐步形成了把龙视为整个中华民族的标志和象征的共识，开始自称是“龙的传人”。

第六章 华夏的始祖

龙的原型之一是蛇，所以在传统文化中，蛇又被称为“小龙”，在先秦的古籍文献中，龙蛇经常一起出现，甚至被混为一谈。在十二生肖中，蛇排在第六位，紧随龙之后，未必不是出于这样的思路。

从生物学意义上来讲，蛇是属于脊索动物门、爬行纲、蛇目的爬行动物。它们的身躯细长，周身覆盖角质鳞，无肩带[①]，四肢退化而无足，舌细长而分叉。蛇没有眼睑，也没有可以使眼球转动的肌肉，所以蛇眼看起来似乎是一直睁着的，但它们眼睛上有一层固定的透明薄膜，用以保护眼球。蛇没有外耳及鼓膜，下颌通过方骨与脑颅相连，左右下颌骨之间以韧带相连，故嘴巴可以张得很大，能吞下比自己细长体形要大的生物。

蛇有卵生和卵胎生两种繁殖方式。一般而言，蛇自孵化后，会在两三年内达到性成熟状态。蛇一般在春天发情交配。

---

① 脊椎动物的胸鳍或前肢与脊柱相联系的构造。

在繁殖季节，雌蛇的腺体会散发特殊气味，雄蛇循气味找到雌蛇交配。雄蛇有一对交接器，平时收缩在尾基部，交配时可从泄殖孔伸出。

蛇类对周围环境的温度变化十分敏感，这是因为它们具有红外线感受器，这种热敏器官可以让蛇感知到数十厘米以内0.001℃的温度变化，如此，它们就能在夜间准确判断哺乳类和鸟类动物的存在及位置，进行捕食。

蛇的一大习性是会冬眠，因为它们没有完善的体温调节机制来产生并维持一定的温度，所以当冬天来临，气温逐步下降，蛇的体温也会跟随下降，身体机能则随之减弱。这个时候它们会寻找适合的过冬场所，例如干燥向阳的地穴、树洞或岩石缝。当气温下降到一定程度时，蛇就会停止一切活动，在适合的藏身处进入冬眠状态。冬眠时，往往是几十条甚至上百条蛇缠在一起，以保持一定的温度，并减少水分的蒸发。冬眠期间的蛇不吃不喝，把身体的新陈代谢降到最低，其维持生命的能量主要靠平时累积的脂肪。冬眠状态会一直持续到第二年春天来临，气温升高，蛇才会苏醒过来，钻出洞穴重新活动。

蛇的第二个习性是蜕皮。蛇在爬行时，腹部与地面产生摩擦，为了保护体内的脏器并增加摩擦力，蛇的腹部覆盖有一层坚硬的角质鳞；同时，为了更好地防御侵害，蛇的背部也会覆盖鳞片。但蛇体表面的这层鳞片是一层死细胞，无法随着蛇的长大而长大，所以它们必须每隔一段时间就蜕皮换新，以适应不断长大的身体，蜕皮后的蛇，也能摆脱磨损过的鳞片，以便更好地活动。大多数蛇的蜕皮现象是终身持续的，但年幼时生长速度较快，所以蜕皮次数会相对多，可达 4 至 7 次，成年的蛇蜕皮次数会减少，但一般也会蜕 2 至 4 次。蛇蜕皮需要消耗大量能量，所以这个时候的它们往往处于半僵状态，性情比较温顺，也比较脆弱。

诞生于白垩纪

蛇属于爬行类，这一类脱胎于两栖类。3 亿多年前，两栖类中的一类迷齿两栖动物为了更好地征服广漠的大陆，演化出羊膜卵。这是一种繁殖结构，里面充满了羊水，形成一个相对稳定的特殊水环境，可以保证爬行类的胚胎在其中稳步发育、正常繁殖，从而摆脱对真实水环境的依赖。演化出羊膜卵是脊椎动物进化史上的一个飞跃，两栖类也由此摇身一变，进化成爬行类。爬行动物中度过中生代（距今约 2.52 亿年—6600 万年）并残存到新生代的，只有龟鳖类、鳄类和有鳞类（包括蜥蜴类和蛇类）。

蜥蜴类和蛇类是现存爬行动物中最兴盛的类群。这类动物的头骨具有高度的灵活性，蛇类的表现尤其明显。人们可以很容易地从头部结构把它们与其他动物区分开来。实际上，蛇类是从蜥蜴类演化而来的。在白垩纪（大约开始于距今1.45亿年）时期，最早的蛇开始出现。蛇是爬行动物中进化最快的类群，大多数现生蛇所在的科，是在中新世（距今约2300万年—533万年）才开始大量发展起来的。

迄今为止，发现蛇骨的考古遗址仅有紫荆遗址（位于陕西省商洛市）一处。这个遗址自下而上包含了老官台文化、仰韶文化半坡类型、仰韶文化西王村类型、龙山文化等4个文化层，年代自距今约7900年一直延续到距今约4200年。在3000多年里，属于不同文化的古人曾经在这里生活过，留下了丰富的文化遗存。遗址中的那些蛇骨经过鉴定，属于爬行纲、有鳞目、蛇亚目、游蛇科，但属和种无法确定。游蛇科是蛇目中种属数量最多的一个科，有将近300属，约1400种，包括三分之二的现生蛇类。我国的游蛇科也有30多属，超过140种，广泛分布于全国。

考古遗址中很少发现蛇骨，这应该与考古遗址中很少发现鼠骨是同样的原因，即早先考古过程中没有开展水洗筛选工作，因而丢失了这些遗骨。许慎在《说文解字》里说："它，虫也。从虫而长，象冤曲垂尾形。上古草居患它，故相问无它乎。凡它之属皆从它。蛇，它或从虫。"许慎提到的"它"便指的是蛇。他指出，上古时期的人们害怕蛇，见面打招呼都要互相询问是否有看到蛇。这些文字反映了两个信息：一是古时蛇的数量不少，二是可能因为蛇无足而能行走，而且毒蛇还能毒死人，所以古人十分畏惧蛇。

如同蟒蛇一样的大蛇比较少见。蟒蛇属于蟒科，现存 8 属 28 种，中国的蟒蛇有 2 属，分别是沙蟒属的东方沙蟒和蟒属的蟒蛇。东方沙蟒长大约为 1 米，最长的可达 4 米，分布于内蒙古、甘肃、宁夏、新疆等地；蟒蛇长可达 3 至 30 多米不等，分布于福建、海南、广西、广东、云南、四川等地。蟒蛇分布的区域毕竟有限，人们并不能经常看到，所以古人日常所见之蛇，往往都是小蛇。在南方温暖潮湿的地区，经常有蛇出没。所以它们的形象，不管是头部还是躯体，都很容易作为装饰性元素，被人们刻画于玉器和陶器之上，进而成为崇拜和信仰的对象。20 世纪 60 年代末，我从上海到云南西双版纳插队落户，在水田里、山路上多次见过一些小蛇，甚至在干农活时还被蛇咬过几次。这些小蛇身上的骨骼每块大多仅有几毫米，所以考古发掘出来的泥土如果不经过水洗筛选，肉眼确实难以辨别，因而没有发现古代蛇的遗骨也是很自然的事。

但我们根据文物上发现的蛇逼真的形象，以及古人对蛇的文字描述，可以推断出它们在古代是一种比较常见的动物，所以古人能仔细地观察并准确地把握它们的特征，最后以艺术的形象展示出来。

蛇形文物遍布南北

钱塘江流域和太湖流域一带的良渚文化出土了大量玉器，上海大学历史系副教授曹峻指出，这些玉器上已经有抽象化的蛇图案了。而现在发现的明确有蛇形象的文物，最早大致属于二里头文化。二里头遗址出土了多件装饰有蛇形纹样的陶器，如一件陶片标本上有一头双身的蛇形纹样，蛇头是较圆润的三角形，眼睛为“臣”字形，嘴巴突出，颈部以下向左右分出双身（图 6–1）。曹峻推测，二里头文化中发现的与蛇相关的器物是良渚文化时期蛇崇拜及其信仰体系传入中原地区的表现。

2003 年，考古学家对江苏省无锡市鸿山镇的 15 个土墩进

图 6–1　河南洛阳二里头遗址出土的蛇纹陶片

行了考古发掘，发现了7座属于战国早期的越国贵族墓。这些土墩中最重要的是丘承墩，根据墓葬的规模、形制、随葬器物等判断，这个土墩的墓主应为地位仅次于越王的越国大夫。在这里，人们发现了大量带有蛇形象的遗物，譬如琉璃釉盘蛇玲珑球、甬钟、振铎等。其中，颇值得一提的是两件堆塑蛇纹青瓷悬鼓座。鼓座就是放置悬鼓的底座，乃是某种青瓷乐器的部件。丘承墩出土的这两件鼓座呈覆钵状，中间有圆口管状插孔，可放置木杆。其中一件鼓座上部堆塑有9条盘蛇，这些蛇各自独立，头部雕刻出圆眼的细节，并且都朝向圆口管状插孔，身上则饰有鳞纹（图6-2）。蛇是越人的图腾和象征，也是神权或王权的象征，这些越国墓穴里出现大量带有蛇纹的器物，代表着墓主人的超然地位。

图6-2　江苏无锡越国贵族墓出土的堆塑蛇纹青瓷悬鼓座

美国的克利夫兰艺术博物馆收藏有一件蛇座凤鸟鼓架（图6-3）。此鼓架乃木胎漆器，属于战国时期的楚文化，是20世纪30年代的人们在湖南长沙附近修建铁路时发现的。这个蛇座的两侧各有孔洞，分别插有一只呈站立状的长颈凤鸟，凤鸟左右相背，中间是放置鼓的位置。蛇座为两条身躯交叉缠绕在一起的大蛇，蛇头均呈半圆形，并排前伸，双眼明显，嘴巴微张。两蛇的其中一条遍身饰有鳞甲；另一条图案则复杂许多，考古学家经过科学分析，认为在蛇座制作之时，匠人先在蛇身上涂黑漆，之后再以红、黄及蓝或绿色绘出多种图案。随着2000多年岁月的流逝，蛇身的颜色已渐渐暗淡甚至消失，但这几种对比强烈的颜色放在一起，仍能让人想象到当年此物鲜艳

图 6-3　湖南长沙发现的蛇座凤鸟鼓架及其蛇形底座

夺目的样子。

在前文提到的陕西省西安市南郊汉代礼制建筑遗址中，考古学家在建筑北面的瓦当上发现了蛇的踪迹。准确来说，考古学家发现的应该是四神兽里的玄武。玄武是一种由龟和蛇组成的灵兽，在中国的传统文化里代表着北方。这片瓦当的圆形瓦面上，有一只龟作爬行蹲伏状，大蛇则弯曲盘绕在龟的身上；蛇头在上，龟头在下，两头相对；蛇的全身布满鳞纹，颈部和尾部还延伸出几道意义不明的卷曲线条（图 6-4）。庞大迟缓的龟和敏捷灵活的蛇完美地融合在一起，让这个小小的圆形空间中的线条参差错落，凝重沉稳中透出活跃的气氛。

长沙马王堆汉墓 1 号墓出土的 T 形帛画，其天上部分正中

图 6-4　陕西西安汉代礼制建筑遗址发现的玄武瓦当

央有一人身蛇尾的形象（图 6-5），人身呈跪坐状，臀部以下乃是蛇的形态，蛇尾的长度是人身的数倍，并在人身上缠绕了两周。关于此人物身份的推断有多种说法，较为流行的是女娲说。西汉人认为女娲是人类的始祖，所以才在天国部分中绘制了女娲，作为死者的保护神。

人首蛇身的伏羲、女娲像最多见于汉代画像石。山东省济宁市嘉祥县的武梁祠是我国目前发现的最大、保存最完整的汉碑和汉画像石群，其左石室后壁小龛西侧画像第三层就有人首蛇身的伏羲和女娲像（图 6-6）。画面中央的两个人物均为人首蛇身，左侧头挽发髻、手中执规者为女娲，右侧头上戴冠、手中执矩者为伏羲，二者的尾部交叉缠绕在一起。两人中间又有

图 6-5　湖南长沙马王堆 1 号墓出土的 T 形帛画，上面有蛇的元素

图 6-6　山东嘉祥武梁祠中发现的伏羲和女娲像，均为人首蛇身

两个羽人举手相牵，亦呈蛇尾相交状。与伏羲和女娲相对的位置，又都有一个人首蛇身的羽人。其他汉画像石中有关伏羲、女娲的形象，也多是这种构图，即手执规矩、人首蛇身、日月背景、对称分布。同一时期的河南、四川、陕西等地区也出土了大量带有伏羲、女娲像的画像砖石，虽然绘画的模式存在地域差异，但大体上都与山东的差不多。但自东汉以后，这类突出人首蛇身的图像就式微了。

青铜器中也不乏蛇的造型。1965 年，陕西省榆林市绥德县义合镇墕头村的村民在该村对面的山坡上翻整土地时，发现了一处藏有许多青铜器的窖穴，里面放置了刀、匕、戈等 20 多件造型精致、纹饰优美的青铜器。这些青铜器属于典型的商代晚期遗物，其中有一把蛇头铜匕（图 6-7），长 36 厘米、宽 3.5 厘米，整体呈长条状，刀柄主体镂空，顶部作蛇头状，上面镌刻有眼睛、牙齿等细节。除了蛇头铜匕，这些青铜器中还有一把马头铜刀。朱捷元、黑光等学者认为这些兽首刀与河北、山西两省北部出土的大批类似器物一样，都属于商代晚期，其造型大多都是30厘米左右的长度，是当地流行的特色青铜工具，反映了北方游牧民族的文化。同属这一时期的青铜器具还有1957年山西省石楼县后兰家沟村出土的蛇首扁柄斗（图6-8）。这是商代晚期方国的挹注器，即用来舀水或酒的器具。蛇首扁柄斗长37厘米，勺径48毫米。柄首镂雕了二蛇戏蛙的意象，其中二蛇屈颈，蛇头相对，蛙位于两蛇头之间。

图6-7 陕西绥德墕头村附近发现的蛇头铜匕

图6-8 山西石楼后兰家沟村出土的蛇首扁柄斗

1972年出土于白草坡西周墓（位于甘肃省灵台县）的青铜短剑的剑鞘上也有蛇的元素。这把造型繁复的剑鞘长18.7厘米、宽10.5厘米，整体就是一个回环缠绕的镂空蟠蛇纹（图6-9）。蛇头为三角形，双目凸起，鞘口两侧有一对相背的呈伫立状的圆雕犀牛。这应该是这柄青铜短剑的木质剑鞘的外部装饰部分。

神秘的三星堆遗址（位于四川省广汉市）也出土了一件与蛇有关的物件，是一条分成三段的青铜蛇（图6-10），通体长111.6厘米，和真正的小蛇差不多长。三段铸件之间有铆孔，这表明匠人是把蛇分三段铸成，再以铆嵌的方式连接。这条青

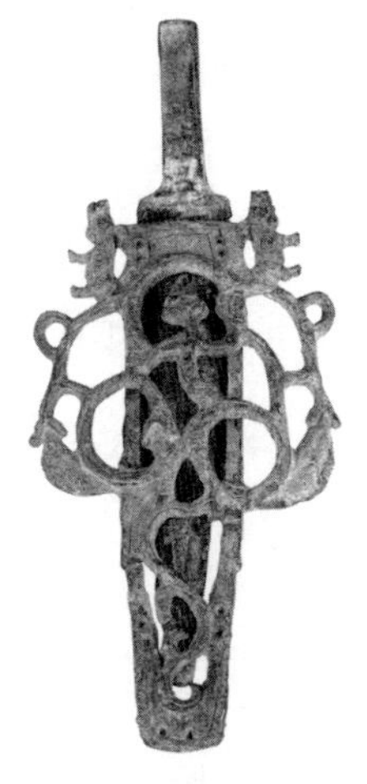

图6-9　甘肃灵台白草坡西周墓出土青铜剑剑鞘上的蛇纹装饰

图6-10　四川广汉三星堆遗址出土的青铜蛇

铜蛇的头微微昂起，刻画时特别强调眼球凸起，嘴微张，蛇尾上翘卷起。蛇身饰有菱形云纹，两侧腹部各有一排鳞甲，蛇的头部有镂空的刀状羽翼，这似乎是暗示它有飞行的能力。古蜀人有龙蛇崇拜，蛇与龙一样，都是可以帮助巫师布阵施法的神兽，所以这条青铜蛇很可能是古蜀人眼中通灵或通神的器物。距离三星堆遗址仅有几十千米的金沙遗址（位于四川省成都市苏坡乡金沙村，距今约3200—2600年）曾是古蜀国的都邑，与三星堆遗址有着某种内在的联系，这里也出土了一件蛇形器座（图6-11）。这个器座用石头雕成，蛇头为较圆润的三角形，双眼凸起，嘴巴张开，双眼和嘴巴都被涂成了红色，蛇身盘绕，蛇身弯曲处分别有两个孔，可以插放东西。

目前出土文物中发现最多蛇元素的恐怕是云南滇文化出土的器物了。石寨山古墓群（位于云南省昆明市晋宁区）的滇王墓中出土了大量金属随葬品，其中涉及蛇元素的就有100多件，主要是青铜器。最引人注目的是一枚黄金制成的“滇王之印”

图6-11　四川成都金沙遗址出土的蛇形器座

（图 6-12）。这枚金印的钮部是一条盘成两圈的蛇，蛇的头部夸张地表现了凸起的双眼。李零教授指出，汉王朝封赐南方蛮夷君长多以蛇钮印。《史记·西南夷列传》中记载了汉武帝元封二年（公元前 109 年）发兵攻打滇国，滇国投降。之后汉武帝设益州郡，以滇池为郡治，并“赐滇王王印”，说的可能就是此印。蛇头形铜叉（图 6-13）也是出土于石寨山古墓群的滇国遗物。这柄铜叉为圆筒状銎，銎部浮雕为蛇头，蛇的眼睛外凸，嘴巴大张，作吞食状咬住铜叉，銎部的表面还刻有鳞纹。圆筒状銎装上木柄，就是一把类似于矛的兵器。除了滇王之印

图 6-12　云南昆明石寨山古墓群出土的滇王之印

图 6-13　云南昆明石寨山古墓群出土的蛇头形铜叉

和蛇头形铜叉，以石寨山古墓群和李家山古墓群为代表的滇池地区还出土了大量带有蛇元素的青铜器，诸如杀人祭柱贮贝器、蛇首杖头饰、蛇头形剑柄，各种表现动物搏斗、狩猎、献俘、乐舞场景的浮雕状扣饰，以及其他带有蛇纹的诸如剑鞘、贮贝器、背甲、锥、铜枕、铜戈、铜斧圆銎等物体。滇国是战国至秦汉时期，主要以云南的滇池地区为中心的古王国，生活在这里的人们非常重视水稻种植，蛇应该是他们在农耕生活中接触得最频繁的动物之一，所以才会把它们的形象反映在青铜器、陶器等物品之上。

如果我们仔细分析南北方出土的与蛇有关的文物，会发现这两个地域的蛇的形象有所不同。北方的蛇形象往往较为呆板，南方的则造型更复杂多元，尤其强调蛇能扭动的特征。这种区别可能是因为南方蛇比较多，能提供给古人充分观察的机会，因而在艺术表现时，也能够突出其主要特征。

上古神灵和始祖为何是人首蛇身

甲骨文中的"蛇"字是典型的象形文字，尤其是三角形的蛇头，蜿蜒扭曲的蛇身，都传神地描述了蛇的形态特征。从小篆开始，"蛇"字就有了些许现在"蛇"字的迹象，隶书则表现得更明显，到楷书才成为现在的"蛇"字（图 6-14）。

甲骨文	金文	简帛	小篆	隶书	楷书

图 6-14 “蛇”字的演变

在《诗经》里，蛇被视为吉祥的动物。《小雅·斯干》是一首祝贺周王新建的宫殿落成的诗歌，其中有“吉梦维何？维熊维罴，维虺维蛇。大人占之：维熊维罴，男子之祥；维虺维蛇，女子之祥”。“虺”在古书中指的是一种毒蛇，这几句话的大致意思是，如果梦到熊、罴、虺和蛇，那就是即将生育儿女的吉兆。

古代文献典籍中关于蛇和蛇之意象的记载，最突出的应属上古时期神灵和人类始祖的人首蛇身形象。如前面所述的汉画像石中人首蛇身状的伏羲和女娲（华夏始祖），事实上，不止是他们，在古代文献中，上古时期的神灵多是人首蛇身的模样。王仁湘考证古代文献，认为除了伏羲和女娲，其他三皇五帝，直到大禹，也几乎都是人首蛇身的模样。仅《山海经》便多次提及许多人首蛇身或操蛇、践蛇、珥蛇的神灵神人，例如女娲、伏羲、烛龙、延维、窫窳、共工、相繇、贰负神、黄帝、启、奢比尸以及众多山神。

有关操蛇之神的故事，我们更加耳熟能详的恐怕要数战国早期的作品《列子·汤问》中愚公移山的典故。愚公因出行被太行和王屋两山所阻，发愿要把山搬走，自己搬不完就让后代继续搬，“操蛇之神闻之，惧其不已也，告之于帝”，手执灵蛇的山神听说了，怕他们真的挖个不停，便报告给了天帝。北京大学历史系教授吴荣曾指出，操蛇神怪的雕像或画像多出于河南南部、湖南、江苏等与战国时期楚文化相关的地区，这也证明了南方多蛇的观点。直至汉末时期，文学家王延寿在游览汉景帝之子鲁恭王建造的灵光殿时，看到殿中壁画而作《鲁灵光殿赋》，还提到“伏羲鳞身，女娲蛇躯”，可见在距当时将近300年的汉初，作为华夏始祖的伏羲与女娲就已经是人首蛇身的形象。

为什么上古时代的始祖和众多神灵都是人首蛇身的形象？这或许反映了上古时代人们盛行的图腾崇拜。蛇在我国是一种广泛存在的动物，从南到北的平原、沼泽、山地、丘陵、江河都可见其身影。古人在生活中经常会遇到蛇，发现它们无足而能行走，毒蛇还能致人死命，自然而然地对这种神秘的生物产生了敬畏情绪，在观察到它们会冬眠和蜕皮等生活习性后，更延伸想象出它们具有长生不死和死而复生的神奇能力。古人的生存环境恶劣，生命往往受到大自然的威胁。他们希望自己能与这些神奇的生物有所联系，以获得它们的庇佑，帮助应对生活中遇到的困难。于是他们把蛇想象成神，并按照蛇的特点来塑造始祖，始祖和神灵便成了人首蛇身、半人半兽的形象。

闻一多在《伏羲考》里生动地阐释了这个过程。他认为华夏民族的图腾是龙，而龙的主干部分和基本形态都是蛇。一开始人是以蛇作为自己的祖先，极力把自己装扮得像龙（越人断发文身以像龙子），这是“人的拟兽化”。但无论如何装扮，都只能做到人首蛇身、半人半兽的地步，而不是全然的蛇。但在这个过程中，人类的知识进步了，于是他们开始把始祖的形象设置成人首蛇身，这叫“兽的拟人化”。随着时间的流逝，人们过去模仿断发文身以像蛇的习俗被废弃，连记忆也淡薄了，于是始祖的模样就变作全人形了。

神灵和始祖的形象从兽到人兽同体再到全人形这个过程，究其原因，体现的还是人与自然关系的变化。在人类征服大自然的过程中，当大自然的威力远远大于人类之时，神灵和始祖的形象就是全兽形的；当人类发现自己有能力改变大自然之时，神灵和始祖的形象就变成了人兽同体；而当人对大自然的认知加深，改造力度和信心增强之时，神灵的形象开始转变为以人为主，人类开始以自己的形象来塑造始祖和神灵，但此时蛇仍然具有诸如蜕皮和冬眠（象征着死而复生和长生不老）等为害怕死亡的先民们所向往的特点，所以蛇虽然走下神坛，但没有消失，而是降格为部落首领的重要附属物，成为权力和地位的象征。

除了前面提到的众多文物，我国还有很多对蛇崇拜的现实痕迹，典型的可见于居住在今福建及邻近地区的古闽族（活跃于夏商至战国时期）。许慎在《说文解字》里说："闽：东南越，蛇穜（种）。从虫，门声"，又说"蛮，南蛮，蛇穜"。这里说南蛮和东南越的闽族都是信奉蛇神的氏族，闽也是南蛮的一部分。在众多沿海地区出海祭龙王的今天，福建省南平市樟湖镇仍然保留着定期举行蛇王节的习俗。古闽族发展到今天，确切可考的族群尚有畲族，"畲"与"蛇"同音，可见不无渊源。古代以蛇为图腾的还有越国，越国也是百越的一支。东汉史学家赵晔在《吴越春秋·阖闾内传》中提到，伍子胥在为吴王建造城池的时候怀着称霸天下的心愿，所以有"欲东并大越，越在东南，故立蛇门以制敌国。吴在辰，其位龙也……越在巳地，其位蛇也，故南大门上有木蛇，北向首内，示越属于吴也"的记载，按古代的天干地支来看，越国在十二地支的巳位，对应的生肖是蛇，吴国在辰位，对应的生肖是龙，越国在吴国的东南边，所以伍子胥建好城之后在南边开了个门，正好对着越国，命名为"蛇门"，并在门上装上了木蛇，让蛇头向北朝向门里面，暗指越国臣服于吴国。如今，蛇门仍然矗立在苏州境内。《说苑·奉使》载，"（越使）诸发曰：'彼越亦天子之封也……是以剪发文身，烂然成章以像龙子者"。这些记载都明确指出了南方地区与蛇的密切关系。

以上种种可以看出，蛇在古代相当长的一段时间里，地位都是十分崇高的，但人首蛇身的模样仅限于上古时代的众多神灵，三皇五帝中自大禹之后，帝王就与蛇没什么关系了，这可能跟古代龙的思想观念形成有关。当龙的概念出现及地位上升后，蛇便慢慢从高位退下，渐趋普通。

司马迁在《史记·高祖本纪》中除了记载刘邦是真龙天子，还记载了他斩杀白帝子（一条拦路蛇）的故事：刘邦有一天夜里喝酒喝醉了，路过一片沼泽；走在前面探路的人回来说前面有蛇挡路，不如原路折返；刘邦不愿，持剑前去把蛇杀了；后来人们发现路上有个老妇在夜里哭，询问后得知老妇与白帝所生之子被赤帝之子给杀了，意指刘邦杀蛇之事。由此可见，在司马迁的观念里，尽管蛇的传说自远古时期一直流传下来，但当龙与蛇狭路相逢，后者却为前者所杀，此时，蛇的地位已不如龙。

白蛇故事的千年流变

随着历史的发展，蛇逐渐走下神坛，越来越回归现实，甚至成为邪恶和反叛的代表。唐代文学家柳宗元写过一篇名为《捕蛇者说》的文章，讲永州人蒋氏的父祖均因捕捉一种毒蛇而死，但蒋氏仍不愿放弃这个祖传的营生，因为这样可以免除赋税。文章里提到的毒蛇之毒十分厉害，草木碰到会枯死，人被咬则不能活命，以毒蛇之毒来衬托赋税之更毒，蛇成了一种反面的形象。

更能说明蛇走下神坛，回归现实的可能要数我国经典民间传说《白蛇传》的流变。《白蛇传》在我国几乎是家喻户晓。这个故事的源头之一可能是发生在唐玄宗天宝年间的洛阳巨蛇事件。据《旧唐书》记载，天宝年间，洛阳邙山出现了一条长达百尺（30 多米）的巨蛇，胡僧善无畏认为这蛇是要引水灌洛阳，他用了天竺咒语，花了几天才将之杀死。有学者指出，这个故事里的巨蛇引水灌洛阳，很可能就是后来白蛇水漫金山的原型。

后来，唐人谷神子创作的传奇小说《博异志》，讲到陇西人李黄偶遇一白衣女子，为其购置美衣华服，女子便邀他一同返家。李黄贪恋女子美色，借故留宿数天才离去。回家后的李黄渐感不适，最后身体化成一滩水，只剩头颅。家人大骇，找到李黄留宿之所，发现那里只有一棵皂荚树，得知那树下经常盘有一条大白蛇。在这个故事里，白蛇开始变作白衣女子，是一个害人的妖怪。

在两宋的话本《西湖三塔记》中，白蛇故事新增了许多细节：南宋孝宗时期，临安府少年奚宣赞在清明节游玩西湖，遇到了由白蛇、乌鸡和白獭幻化的白衣娘子、婢女和婆子。三人将他诱哄至洞中，想吃他的心肝。在婢女的帮助下，奚宣赞最后逃出生天。后其叔奚真人捉拿三怪，用石塔将她们镇压在西湖之下。在这个故事里，后来白蛇故事发生的时间和地点都已经出现，情节也丰富许多，但此时白蛇女妖依然是狠毒、残暴、奸狡的形象。

到了明朝，白蛇故事出现了诸如游湖借伞、勇盗仙草、水漫金山、断桥相会等经典情节，白蛇的形象迎来了质的改变，代表作是冯梦龙的《警世通言·白娘子永镇雷峰塔》。在这个故事里，南宋临安城生药铺主管许宣在清明节游湖时遇到了一对主仆——白娘子和青青。他不知道这白娘子是一条修炼了千年的白蛇，而青青则是一尾修炼了千年的青鱼。许宣借伞给白娘子，后者对他倾心相许。但是，因为白娘子赠予许宣的银两、羽扇等东西都取自官府，许宣在使用这些东西后被人发现，连吃了两次官司。后来，又有南山道人、和尚法海对他二人感情多番挑拨，导致最后白娘子被法海镇压在雷峰塔下，许宣也出家为僧。在这个故事里，白蛇的形象已经从原来害人的妖怪变成了有情有义、大胆追求爱情的反封建女子。

及至清朝，人们将多个版本的雷峰塔传奇改编成剧本，搬上戏剧舞台，终于成为今日我们所熟知的《白蛇传》。在这个最终版的白蛇故事里，之前游湖借伞、勇盗仙草、水漫金山等经典情节仍然保留，又加了更多丰富的情节，并对最后的结局做了改编。例如白素贞生子后才被镇压雷峰塔下，孩子长大考中状元，将塔中的母亲救出，最后一家三口团聚，而婢女小青也找到了自己的归宿。原来的悲剧性爱情故事，最后变成了大团圆。至此，唐朝时期引水灌洛阳的巨蛇，经过上千年的演绎，最后除却妖性，成为一个知恩图报、医术高超、冲破封建枷锁、勇敢追求爱情的温柔贤淑女子。

从20世纪20年代起，《白蛇传》多次被拍成电影和电视剧，流传至今。之所以如此受欢迎，或许是因为它充分展现了人们对自由恋爱的崇尚，对封建势力束缚的憎恨，对中国传统女性贤淑善良、坚贞不屈的讴歌。鲁迅在1924年专门写过一篇名为《论雷峰塔的倒掉》的文章，借雷峰塔的倒塌、白蛇娘娘横遭法海镇压的神话，批判维护封建宗法制度的权势者，热情赞颂白蛇娘娘的反抗精神。

蛇在地球上已有1.45亿年的生存历史。在中国古代几千年的历史中，蛇这种体型细小的动物，因其独特的行走方式和生活习性被古人视为神秘而危险的形象，并在很长一段时间里成为人们（尤其是南方地区的人们）的崇拜对象。它们经历了从普通动物到神灵与始祖的原型，待龙出现后，又从高处跌落，成为邪恶和狠毒的代表，之后又以温婉有情的白娘子形象，再次在我们的经典民间传说中复活，蛇的经历可谓一波三折，跌宕起伏，犹如坐过山车。

第七章 车骑之魂

在中国传统的启蒙教材《三字经》中，马被列为六畜之首，所谓“马牛羊，鸡犬豕。此六畜，人所饲”是也。马的体型高大，擅长奔跑和负重，是人类畜牧的对象，代步的坐骑，运输、通信、作战的工具，与人类的生产和生活紧密相关。由于本身的性情以及其对人类生活的重要性，马在传统文化里的象征意义大多是正面和褒义的。马在十二生肖中排名第七。

从分类学上看，马属于哺乳纲、奇蹄目、马科、马属。马属动物的祖先是5800万年前出现在北美大陆的始祖马，根据当地留下的化石可知，那时候的始祖马大概只有狐狸大小，生活在植被茂密的丛林中，以多汁的嫩叶和地上的嫩草为食。始祖马经过不断的演变，衍生出许多新的分支，后传播扩散到欧亚大陆。

马经历了始马、中马、原马、上新马和真马等5个主要的发展阶段。它们的进化过程重点在于：身体变得更庞大，从原来的短小、低矮的躯体，变成高长、平直的流线型身材；四肢的脚趾发生变化，前脚由四趾变为单趾，后脚由三趾变为单趾，以利于奔跑；牙齿也由原来简单的臼齿变为复杂的高冠、齿质坚硬、齿面宽的臼齿，以便更好地采食干草；脑部发育，脑容量增大，头部也增大变形。到如今，我们看到的马基本上都是四肢矫健，骨骼硬朗，肌肉结实，头面平直、偏长，耳朵小而直立，额、颈上缘及尾巴有长毛，毛色则主要有骝、栗、青、黑诸色。

地下马骨透露的信息

被人类驯化的马出现得比较晚。迄今为止的研究结果表明，马的驯化开始于距今5500年左右。动物考古学家在中亚地区的柏台遗址（位于哈萨克斯坦，距今约5500年）发现了大量马骨和马骨制作的渔叉，某些马骨上还有刻纹，似乎带有某种象征意义。通过对该遗址出土的陶片进行脂肪酸检测，考古人员发现陶片上有马奶脂肪酸的残留物，证明当时的柏台人既吃马肉，也喝马奶。另外，人们还在遗址的文化层中发现了马粪，这是马曾在此长期生活的证据。所以动物考古学家推测当时的柏台人已经开始驯马，具备了养马的能力。他们或许是为了获取稳定的肉食和奶源而对野马进行人工的饲养和繁殖。当马在哈萨克斯坦被成功驯化后，家马和养马技术开始向东和向西传播到其他地区。

1879年，俄国探险家尼科莱·普尔热瓦尔斯基（Nikolay Przhevalsky）在蒙古的科布多郡首次发现了一种野马。1881年，这种野马便以这位探险家的名字被正式命名为“普氏野马”。古生物学家在中国北方地区旧石器时代晚期的多个遗址中都发现了普氏野马的化石，有些专家便据此推测，中国的家马起源于普氏野马。但是，近年来DNA的研究结果显示，中国早期的家马与普氏野马在基因上没有关联，也就是说，中国早期的家马并不是从普氏野马驯化而来的。

我们经过鉴定和研究，发现在距今10000至5000年左右的时间段里，出土动物遗存的遗址有上百处，但那些动物遗存里基本上没有发现马骨。也就是说，以目前的考古发现来说，中国在距今10000至5000年左右的时间段里都还没有家马。

从地理范围看，中国的家马最早出现在黄河上游地区。考古学家在这里的大何庄遗址（位于甘肃省永靖县大何庄，距今约4300—3800年，属于齐家文化）发现了三块马的下颌骨，应该是随葬物品；同属齐家文化的秦魏家遗址（位于甘肃省永靖县莲花乡）也发现了随葬的马骨。火烧沟遗址（位于甘肃省玉门市，距今约4000—3000年）中也发现了可能和祭祀活动有关的马骨。从距今9000年左右起，中国的考古遗址中开始出现随葬狗的痕迹，后来又发展到随葬猪、牛和羊，这种以动物随葬的习俗延续了几千年。动物考古学家的研究证实，用于随葬的动物几乎都是家养的。因此，尽管齐家文化墓穴中的随葬马骨都是几十年前发现的，当时仅做了马骨鉴定，留下了简单的文字记录，并没有进行动物考古学的测量、观察和研究。但是，依据古人很早就有在墓穴中随葬家养动物的习俗，以及齐家文化的墓穴里发现的随葬马骨，我们可以推断，在中国黄河上游地区距今 4000 年左右，就已经出现驯化的家马。

黄河中下游地区的偃师商城遗址（位于河南省洛阳市）、郑州商城遗址（位于河南省郑州市）、小双桥遗址在年代上都大致属于商代早期（距今约 3600—3400 年），这些遗址都发现了大量动物遗存，但没有发现马骨。这个地区最早的家马遗骸发现于安阳殷墟遗址，时代为距今大约 3300 年的商代晚期。人们在这里发现了多个车马坑，而且还几乎都是一车两马（图 7-1）。

另外，考古学者又在殷墟遗址属于王陵范围的西北岗发掘和钻探了 100 多个马坑，这些马坑里埋葬的马都是商人奉献给祖先和神灵的祭品，数量为 1 匹到 37 匹不等。目前，动物考古学家对殷墟出土马骨的研究取得了重要进展，包括马牙、马骨在内的形态学的观察和测量，病理现象的研究，数量比例的统计，考古学文化现象的观察，古 DNA 分析和碳氮稳定同位素的分析等一系列研究结果，均证明这些马属于家马。老牛

图 7-1　河南安阳殷墟郭家庄发掘的车马坑

坡遗址（位于陕西省西安市）同样属于商代晚期，前掌大遗址则属于商末周初，这两个遗址也发现了车马坑和马坑。由此可见，在距今 3300 年左右，黄河中下游地区存在家马是确凿无疑的了。鉴于这一地区在距今约 3300 年以前几乎没有发现马骨，而在这个时间点以后的多处遗址中发现了车马坑和马坑，我们可以推断，家马是突然出现在这一地区的。黄河中下游地区的家马可能来自黄河上游地区，甘青地区可能是马传入中原的重要通道。还有一种可能是，马从内蒙古地区自北向南进入中原。但是，即使是在黄河上游地区，家马出现的时间也比迄今为止所知的世界上最早的家马的年代晚了 1500 年以上。所以，当时黄河上游地区的家马也应该是从境外传入的。

经过对殷墟、张家坡遗址（位于陕西省西安市长安区沣河西岸）等多处考古遗址出土的马骨进行测量，动物考古学家发现，早在先秦时期，各地的马在形态上已经没有明显区别。秦始皇兵马俑中的陶马是彼时马的典型代表，它们体型不高，脖颈粗壮，四肢较短，矫健有力。

我们在作为商朝都邑的殷墟和作为西周都邑的张家坡遗址中都发现了马坑。从这两处遗址的马坑中，我们可以看到商人和周人埋马的方式有所不同。商人埋马都是一匹一匹整齐地摆放，而周人埋马有时会整齐地摆放，有时也会杂乱地分布。周原遗址（位于陕西省宝鸡市岐山县）是周人的老家，这里也发现了这种马骨杂乱地分布在一起的马坑。考古学家在发掘这类马坑时发现马骨上有席子的痕迹。据此，他们推断出当时埋马的过程：先挖一个深坑，然后从各个方向把马往这个深坑驱赶，逼着马跌落坑中，因为坑挖得很深，跌到坑里的马是跳不出来的，只能挤在坑里团团打转。这时，如果直接用工具铲土填埋马坑的话，马可以轻松抖掉跌落在身上的泥土，而当坑底的土堆积得越来越多，站在土上的马最后就可以跃上地面。所以待马跌进坑中，直接用工具铲土埋坑是不行的。当时的人应该是等马掉入坑后，把竹编的大席子扔下去，盖在那些马的身上，然后飞快地往席子上铲土。土落到了席子上，而没有跌落到地上。当泥土在席子上越堆越厚，最后就把全部的马都压垮。周人通过这种方式完成了埋马的过程。今天的考古学家在发掘这类马坑时，就能在坑里发现杂乱地分布在一起的马骨，并能在马骨上观察到席子的痕迹。

商人和周人在埋马方式上的不同，除了可能因为祭祀和献祭的目的不同，还有可能是因为商人所在的黄河下游地区没有马场，商人的马都是从西北或北方征集或进贡而来的，来之不易，所以使用时就很珍惜，显得小心翼翼。而周人居住的地方靠近甘青宁地区，自古以来就有很好的马场。周人获取马匹比商人要容易得多，使用起来就有点“奢侈”，不那么斤斤计较了。我认为周人在养马的技术和拥有马匹的数量上肯定优于商人，有《诗经》为证。《诗经》里有不少描写四匹骏马拉车奔驰的诗篇。如《郑风·大叔于田》：“叔于田，乘乘马。执辔如组，两骖如舞。……叔于田，乘乘黄。两服上襄，两骖雁行。……叔于田，乘乘鸨。两服齐首，两骖如手。”这位猎人去打猎，驾着四匹马——中间驾辕的叫服，外侧拉车的叫骖——的车十分威武。骖服奔驰，像跳舞般整齐，雁阵般齐整，又像左右手一样整齐。这是一首赞美猎人的诗歌，描写了贵族田猎之时的壮观场面。《秦风·驷驖》也描述道：“驷驖孔阜，六辔在手。”大意是四匹黑马丰满强壮，虎虎有生气，很形象地表达了秦人的尚武精神。《诗经》里描写的马车都是四匹骏马拉的，这似乎是当时马车的基本配置，从侧面反映了周朝养马业的兴盛。我们正在做古代家马的全基因组测试，从秦汉时期出土马匹的全基因组测试结果来看，当时的马匹尽管不能像现代马术比赛中的马匹那样做出横向漫步和对角线漫步等高难度动作，但也已经能做出以特定节奏漫步等动作了，这与《诗经》里多匹马奔驰如舞、如雁阵、如手一般协调、齐整的描写相呼应。

战场上的绝对主角

在先秦时期，马主要有三大用途。第一大用途体现在精神领域，即作为彰显地位的随葬品和祭祀品。如前所述，在距今4000年左右的黄河上游地区发现的马骨，几乎都是作随葬之用。而殷墟西北岗马坑中埋葬的马达数百匹之多，如此大规模地埋马，似乎也是为了彰显王权的高贵与特殊（图7-2）。从这点来看，饲养马匹从一开始就与丧葬习俗有关，与巩固等级制度的行为有关。但鉴于马既能拉车又能骑乘，具有重要的经济与军事价值，所以马的殉葬对象只能是王室或者一些高级贵族，以及重大的祭祀场合，马在殉葬和祭祀方面的使用频率并不如牛、羊、猪等三牲。

马的第二大用途是作为挽车畜力，用于拉车、车战或驮

图 7-2　河南安阳殷墟西北岗发掘的马坑

物。马的记忆力和判断力很好，方向感也强，成语有谓“老马识途”。又擅长奔跑和负重，所以在日常生活中，相比于吃马肉，古人更多将之用作交通工具、辅助狩猎和战争。《周易·系辞下》曰“服牛乘马，引重致远，以利天下”，就提到了要驯服和乘坐牛马以驮运重物。到目前为止，中国最早的马车同样发现于殷墟的车马坑。家马是从野马驯化而来的，马车是人制作的工具，当古人把家马和车合二为一，就实现了一个伟大的创造。在战场上，马车极大地提升了军队的战斗力，改变了历史的进程。殷墟是商朝的都邑，这里发现的车马坑几乎都是一车两马，可见用两匹马来拉车是商代的习惯。张家坡遗址是西周的都邑，这里出土了四匹马拉的车（图 7-3）。四马战车，其行进的速度、爆发的战斗力都是两马战车所不能抗衡的。当年周武王率军讨伐商纣王，在朝歌打败后者的军队，一举消灭了商朝。在那场战争中，周人很可能就是用四匹马拉的战车打败了商人用两匹马拉的战车。春秋以来，战争的规模越来越大，以马驱动的车战也越发重要，甚至已成为衡量一个国家军事实力的重要标准。一辆四匹马拉的战车及其配属的军事人员被称为“一乘”，当时流行用“千乘之国”“万乘之君”来形容某个国家军事实力强大。

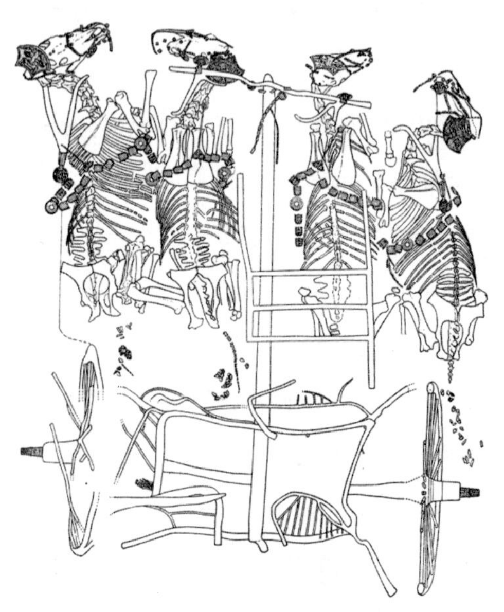

图 7-3　陕西西安张家坡遗址发现的车马坑（线描图）

马的第三个重大用途是骑乘，最典型的应用场合仍是战场。中外动物考古学家对考古遗址出土的马骨进行了研究，发现被人当作坐骑的马，其脊椎骨上往往会留下骨质增生、发育不对称、脊椎融合、水平裂缝等多种病变迹象（图 7-4）。研究人员制作了显示马的脊椎出现病变的示意图，用颜色深浅显示脊椎骨病变的概率（图 7-5）。我们从图上可以看到，这些病变主要体现在特定的腰椎上，这个地方正好与人骑乘的位置重合，即人的重量长期施加在这个部位，导致多块腰椎骨头出现病变。我们认真研究过殷墟遗址出土的马骨，却没发现以上病变迹象，可见骑马行为在商代尚未正式出现。西北大学文化遗产学院的李悦博士在研究石人子沟遗址和西沟遗址（均位于新疆东部的哈密地区）的墓葬和祭祀坑内出土的 7 匹马的马骨时，发现这些马的脊椎上都有这些异常的病变迹象，证明这些马是长期被人骑乘的。新疆这两处遗址的年代大约为战国晚期

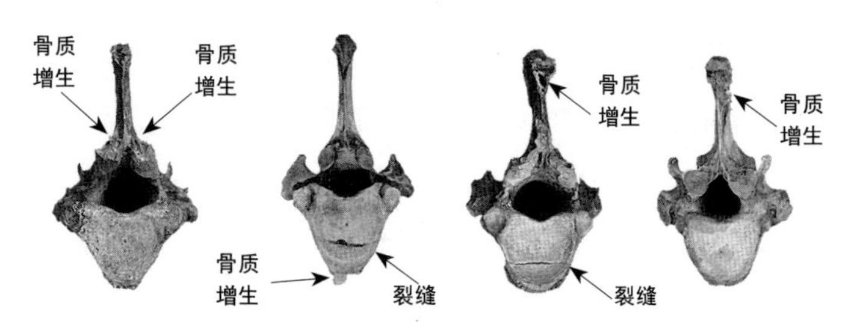

图 7-4　马的椎骨病变示意图

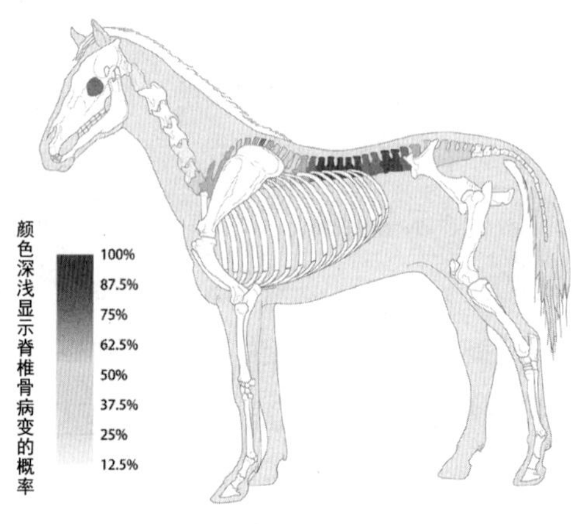

图 7-5 马脊椎上出现病变的概率示意图

到西汉早期，是当时游牧民族遗存的代表。这些马骨上的异常病变迹象虽不能证明新疆出现了中国最早的骑乘行为，但建立用马骨证明骑乘行为的科学方法，对今后继续就其他新发掘出来的马骨开展此类研究，以及探究中国古人的骑马史均有重大意义。

马在战争中的重大应用基于对骑兵部队的大规模建设，这涉及军事史上的一次重大改革——胡服骑射。据史书记载，战国后期，赵国因与楼烦、林胡、匈奴等游牧民族为邻，时常遭到骚扰。游牧民族勇猛剽悍，擅长骑射，对赵国构成了极大的威胁。此时，各国征战的主要手段是车战，相对于游牧部落的轻便骑兵，车战具有笨重、累赘、速度慢、不够灵活等缺点，且游牧部落所穿的胡服短衣窄袖，与汉服的宽衣博带相比更利于骑射。赵武灵王于是提出“胡服骑射”的想法，在国内大力推行，即改穿短衣胡服，学习骑射，组建骑兵部队。中国古代军事史上的一次重大改革由此开始。革新后的赵国骑兵部队行动迅疾，机动灵活，先后战胜了北边和西边的游牧部落，大大地拓展了本国的版图。其他诸侯国目睹赵国的变化，也纷纷建立起自己的骑兵部队，据《史记》的《苏秦列传》《张仪列传》等文献所载，燕国“带甲数十万，车六百乘，骑六千匹”，赵国“带甲数十万，车千乘，骑万匹”，楚国“带甲百万，车千乘，骑万匹”，秦国“虎贲之士百余万，车千乘，骑万匹”，魏“武士七十万”，“车六百乘，骑五千匹”。战国七雄中，秦国的军事实力位居六国之首。之后，在秦灭六国、楚汉之争等重大战役中，骑兵都发挥了重要作用。

汉代是中国历史上的重要朝代，在开疆拓土方面做出了重大贡献，尤其是汉武帝时期，抗击匈奴，打通西域，使天山南北与内地连成一体；用兵闽越、东瓯、南越，大力开发西南和东南，在这些地区设置郡县，将之纳入中央管辖之下，汉帝国的疆域得到了前所未有的扩展。这些历史功绩都离不开马的贡献。汉朝在得马、养马、用马方面做了大量工作，对后代影响巨大。

汉朝对马的重视源自抗击匈奴的现实需求。据《史记·匈奴列传》记载，匈奴是中国北部许多游牧部落的统称，其民过着逐水草而居的生活，熟悉和擅长骑射，战斗力极强。战国后期，匈奴不断侵犯毗邻的秦、赵、燕三国边境，掳掠人民，抢劫财产，以至于三国都修建了长城防备。秦统一六国后，派蒙恬领 30 多万大军北击匈奴，将河南之地尽数收复。但秦末农民起义以来，中原大地战火不断，北方的匈奴因此获得发展空间，在冒顿单于的带领下建立起一个强大的国家。

西汉初建之时，匈奴曾攻下太原，兵锋直至晋阳。刘邦亲自率兵抗击，却被匈奴大军困于平城的白登山 7 天，形势极度危急。之后，刘邦设法贿赂了匈奴的阏氏，才逃得性命。匈奴势盛，汉朝奈何不得，加上长期的战乱导致国力凋敝，刘邦只好以屈辱的和亲政策，又赠送大量金银宝货，换取边境的暂时和平。但匈奴并未满足，直到汉武帝大举反击匈奴之前，他们仍不时南下骚扰，成为汉朝北境的心腹大患。所以，整顿军备，加强骑兵建设，抗击匈奴，一直是汉高祖至汉武帝几代帝王的心愿。

与匈奴作战需要大量骑兵，每次出击少则三四万，多则近 20 万，所以西汉要常年保持较大规模的骑兵部队，马的数量和质量就是关键。此外，后勤物资的运输以及信息的传达等都需要马。因此，自汉高祖时期起，西汉王朝就大力发展养马业，到汉武帝时期，已经建立起比较完善的养马制度、机构及运作方式。

汉高祖四年（公元前 203 年）八月“初为算赋”，即征收专门的赋税“算赋”，用于治军备、购置车马。又在中央和地方设置专门的养马机构和场所，如《汉旧仪》载，“天子六厩，未央、承华、騊駼、骑马、辂軨、大厩也，马皆万匹”，“太仆牧师诸苑三十六所，分布北边、西边，以郎为苑监，官奴婢三万人，养马三十万匹”。此外，朝廷还大力鼓励民间养马。《汉书·食货志》载，文帝时期，晁错上表建议“令民有车骑马一匹者，复卒三人”，养一匹马可以抵三个人的兵役或赋税。文帝接受晁错的建议，颁布了“马复令”。景帝二年（公元前155年），“始造苑马以广用”，“苑马，谓为苑，以牧马”。政府还出台禁令，禁止屠杀牛马，杜绝良马流出境外，《汉书·景帝纪》就说：“禁马高五尺九寸以上，齿未平，不得出关。”

经过西汉政府的种种提倡和鼓励，到了汉武帝初年，朝廷仅厩马就达40万匹，苑马和地方养马尚不计算在内。民间“众庶街巷有马，阡陌之间成群”，一改汉初“自天子不能具钧驷，而将相或乘牛车”描述的良马奇缺的情形。《盐铁论·未通》也记载：“牛马成群，农夫以马耕载，而民莫不骑乘。”就是基于养马业的繁荣，加上近70年休养生息积累下的巨额财富，汉武帝才得以一改以前的妥协政策，对屡屡犯边的匈奴展开大规模的军事反击行动。

汉匈战争持续了几十年，对马的消耗是巨大的，汉武帝为改善马的质量还引发了大规模战争。据《史记·大宛列传》

载，为了击破匈奴，汉武帝派张骞出使西域，希望联合大月氏共同举兵。由此拉开了建立中原内地与西域诸国联系的序幕。匈奴听闻西域国家乌孙与汉朝交往，想对其用兵，乌孙向汉请求和亲建立关系，并献上乌孙马，汉武帝将其命名为“天马”。但汉武帝更想得到大宛国的良马，据说这种马体形好、速度快、耐力强，能日行千里，适合用来长途行军，因在奔跑时肩部会渗出鲜血一样的汗水，故名“汗血马”。汉武帝派遣使团携带大量财富以及一匹纯金打造的马前往大宛，希望换购汗血马。但大宛国轻视汉朝，不愿交换，不仅侵吞了汉使团带去的财物，还把使者杀了。消息传回长安，汉武帝大怒，封李广利为贰师将军，调发属国 6000 骑兵及各郡国几万士兵，出兵讨伐大宛。贰师城是大宛国汗血马的产地，任李广利为贰师将军，可见汉武帝对汗血马志在必得。出征大宛几番周折，但最后李广利还是取得胜利，带着几十匹大宛的良马和 3000 多匹中等以下的公马母马班师回朝，汉朝声威远播。得到大宛马后，汉武帝剥夺了赐给乌孙马的“天马”名号，转赐大宛马，乌孙马则改名“西极马”。汉武帝茂陵附近的陪葬冢出土了一匹通体鎏金的铜马（图 7–6），这匹马头小颈细，胸肌劲健，四肢修长，与秦始皇兵马俑出土的陶马体形明显不同，似乎就代表了那种天马的形象。

图 7-6 陕西汉茂陵出土的鎏金铜马

相马、阉割与马镫

汉朝时期，作为九卿之一的太仆主管养马事宜。这种由专人负责马匹豢养的安排早而有之。《周礼》中的一些与马有关的官职就显示出了那时对养马有精细的安排，譬如掌王马之政的“校人”，管驾车之马的“驭夫”，负责治马病的“巫马”，负责具体放牧的“牧师”“圉人”，教人养马的“庾人”，对养马事宜的分类、分工都已经很精细明确。后来统一六国的秦国更是以养马起家，据《史记·秦本纪》载，西周时期，秦人也多为周天子驾车、养马。公元前 900 年前后，居住在犬丘的非子擅长养马，周孝王召他去泾渭之野养马，马养得很好，于是孝王把秦地赐给他，还让他延续嬴姓先祖柏翳的祭祀，号称“秦嬴”。自此，秦人有了正式的立足之地。平王东迁之时，秦襄公派兵护送，获得周天子认可，正式建立秦国。周平王更表示，如果秦国能赶走西戎，就可以占有岐山以西的周朝旧地。因而，秦国开始了与西戎的多年征战。可见，秦国历代以来都与马有着紧密联系，十分重视并且擅长养马。

秦穆公年间（公元前659—前621年）出现了中国历史上著名的相马专家——伯乐。伯乐对长期的相马经验进行总结，撰写了《伯乐相马经》，把马按照品种、体型和毛色进行分类，依据马各个部位的形状、尺寸和比例进行归纳，总结出良马应该具备的基本特征及具体形状。《吕氏春秋》曰：“古之善相马者，寒风是相口齿，麻朝相颊，子女厉相目，卫忌相髭，许鄙相脰，投伐褐相胸胁，管青相唇吻，陈悲相股脚，秦牙相前，赞君相后。凡此十人者，皆天下之良工也。其所以相者不同，见马之一征也，而知节之高卑，足之滑易，材之坚脆，能之长短。”这段文字列举了10位相马名家和他们对良马的评判重点。

尽管史书上没有记载，但我们在研究秦始皇兵马俑的陶马时，发现秦代已经出现了阉割技术。考古学家在陕西西安的秦始皇陵兵马俑坑里发现了大量木制的战车和陶制的武士及马匹。其中，1 号坑是战车与步兵的排列组合，2 号坑是战车、骑兵、步兵的混合编组。这些武士和马匹均按照真人和真马的尺寸制作。1 号坑里的马都是用来拉车的，每辆车配了 4 匹马。这些马都是阉割过的公马，只有阳具，没有阴囊。2 号坑里发现的马背上有马鞍，是作为坐骑使用的，被称为“鞍马”（图 7–7）。鞍马既有骗过的也有未骗的，即一类阳具、阴囊俱全（图 7–8），一类有阳具而无阴囊（图 7–9）。

阉割技术发明于何时，目前尚无明确结论。据闻一多考证，甲骨文中已有关于阉割的记载，如“豕”字就有阉割和未阉割之分，腹下那一划与身子相连的是没有阉割过的公猪，而那一划与身子断开的则是被阉割过的。古文字专家王宇信也考证过，甲骨文中“马”字，腹部也有一个符号，指骗马，而这个符号本身的意思是用绳或皮条套住公马的阴囊，将之绞掉。不过这些研究尚未成为学术界的共识。

史书曾记载过公马因为看见母马发情而贻误战机的事。日本学者佐原真对世界上马的阉割做过研究，他发现，古希腊和古罗马的士兵一般骑公马。13 世纪中叶，十字军第六次东征之时，土耳其和阿拉伯的士兵骑的是母马，而十字军的士兵骑的都是公马。在战场上，这些公马都跑去和母马调情，弄得十字军的士兵十分狼狈；十字军的将军骑的公马因为看到母马太过兴奋，把将军掀翻到马下，导致那次东征以失败告终。骗马看

图 7-7　陕西西安秦始皇兵马俑的武士牵马

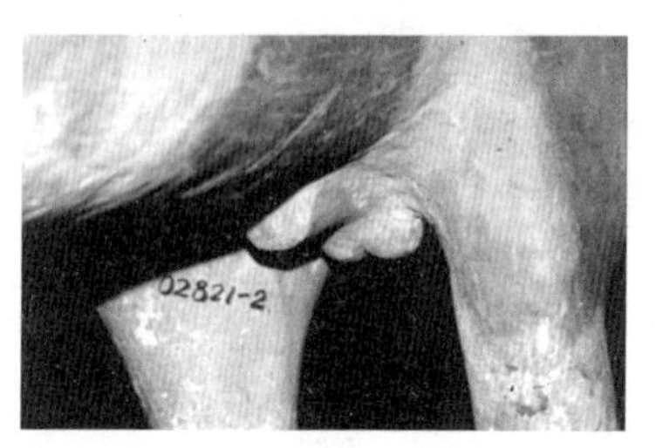

图 7-8　陕西西安秦始皇兵马俑里未阉割的公马

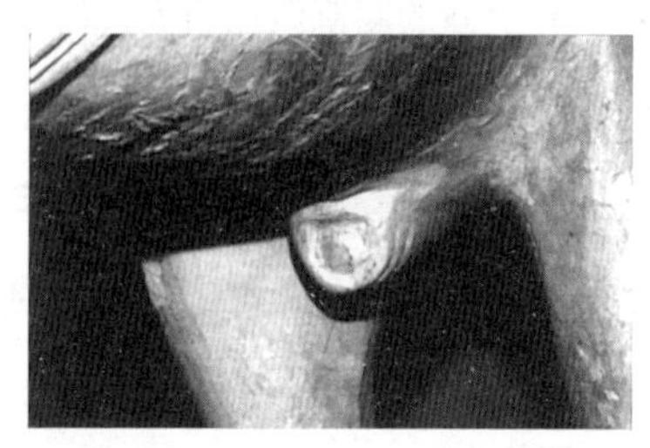

图 7-9　陕西西安秦始皇兵马俑里阉割过的公马

到母马不会发情，便能减少干扰作战或骑乘的可能。但是，如果全部公马都被阉割了，性情都变得温顺，似乎就难以配合骑士在战场上激烈厮杀。所以，这或许能够解释为什么秦始皇兵马俑的拉车公马全是阉割过的，而鞍马则有部分没有被阉割。秦朝开始于公元前 221 年，当时已经存在对家马的阉割技术，尽管中国不是家马的起源地，但我们的古人对于养马技术的发展仍然做出了重大贡献。

马不像我们想象的那样，是天生的坐骑，实际上要等到马镫和马鞍等马具发展完善之后，才被广泛用于骑乘。马镫是垂挂在马鞍两边的脚踏，其主要作用有两个：一是帮助骑者上马，二是支撑骑者的双脚，使之可以更好地驾驭马匹并解放骑者的双手。马镫最开始的时候只有单边的，后来才发展出双镫，而在双马镫发明之前，骑者在马上行动既不安全，也不甚方便。单马镫在西晋时期便已有使用，湖南长沙南郊金盆岭的晋墓［年代属于西晋永宁二年（公元 302 年）］出土了一批陶制骑俑。有些陶马的左侧有近似三角形的小镫，右侧则没有，马镫的镫带较短，马镫的位置也高于骑士脚的位置，可见是供骑士上马方便用，骑行时并不踩在镫上。

陕西省西安市灞桥区的梁猛墓［属于十六国时期（304—439 年）］发掘出了一些重装骑兵的陶俑（图 7-10）。所谓重装骑兵，就是人和马都披上重重铠甲，这些陶马的鞍下也有双马

图 7-10　十六国时期梁猛墓出土的铠马

镫。目前发现有明确纪年可考的最早实物马镫出自北燕时期的冯素弗墓（位于辽宁省北票市），是一副鎏金木马镫。冯素弗是北燕的宰相，死于 415 年，可见至少在这时已出现成熟的双马镫。之后，考古学家又多次发掘出十六国时期的马镫。从单马镫发展到双马镫，看似仅仅增加了一个马镫，带来的改变却是巨大的，因为双马镫可以让骑兵的双手解放出来，从容地弯弓射箭或者使用各种兵器，将兵器的力量、战马的力量和人的力量合为一体，大大提升战斗力，骑兵部队也因此成为战场上独立的军事力量。正是由于用马镫和铠甲组建了重装骑兵，前燕、后燕、北燕等三燕政权的军事力量才迸发出来，最终打败其他部落，占领东北，进而问鼎中原。

马鞍则出现得较早，学者杨泓考据认为，带鞍桥的马鞍出现于西汉末年，东晋时期开始出现专供达官贵人骑马用的颇为舒适的高桥鞍。到了北魏时期，鞍桥的形制变化为前鞍桥高而直立，后鞍桥矮而向后倾斜。当马镫和马鞍发展成熟后，马也逐渐成为日常生活中广泛使用的交通工具，妇女也可以骑乘。唐代的《虢国夫人游春图》就展示了一名矜贵的皇家妇人在随从的簇拥下，骑着皇家马厩中才有的精良骏马（配备了豪华的服饰和鞍具）悠然游春的景象（图 7-11）。

图 7-11 《虢国夫人游春图》（摹本）

文物里的马

甲骨文中的“马”字是一个很典型的象形文字，画出了马的长脸、鬃毛、马尾、四足，展现了一头身躯高大的动物的形状。金文中的“马”字保留了马的大眼睛、鬃毛、马尾的形状，相对甲骨文而言没有太大变化。小篆的“马”字发生了较大变化，但也保留了鬃毛和马尾的影子，初见后来“马”字的雏形（图 7–12）。许慎在《说文解字》中对“马”字的解释是：“马，怒也；武也。象马头、髦、尾、四足之形。”这概括了马的外貌、性情以及“马”字的构造特点。

马在交通、军事领域的重大贡献，促使古人以马为题材塑造了众多流传千古的艺术作品，其中最著名的或许是东汉时期的青铜雕塑“马踏飞燕”（图 7–13），这件艺术品如今已是中国旅游业的标志。1969 年，地处河西走廊的甘肃省原武威县的农民在挖防空洞时挖到了一处名为“雷台”的古代墓葬遗址，这座属于东汉晚期的遗址出土了一件“马踏飞燕”青铜艺术品。

甲骨文	金文	简帛	小篆	隶书	楷书
				馬	馬

图 7–12 “马”字的演变

图 7-13　甘肃武威雷台遗址出土的“马踏飞燕”铜像

其造型十分独特：一匹身躯庞大的骏马，三足腾空，右后足踏在一只疾驰的飞燕背上；马的头顶还有花缨微扬，马尾打成飘结，整体呈现出喷鼻、翘尾、举足腾空的状态；飞燕则是双翅展开，作惊愕回首状。艺术家用闪电般的瞬间将一匹骁勇矫健、奋蹄疾驰的马表现得淋漓尽致，体现了汉代奋发向上、豪迈进取的精神。“马踏飞燕”的制作工艺十分精湛，不仅重在传神，而且造型写实。如果以《伯乐相马经》中所述的良马标准来衡量这匹马，会发现这匹马的几乎每个部位都符合标准。

青铜器在夏商周时期乃国之重器，时常作为礼器、乐器出现。但到了清代，这种显著地位已经不再，而是沦为单纯的工艺品。圆明园十二兽首铜像中的马首就是一例，马鬃披散在额部，双耳直立，双眼圆睁，嘴巴微张，显得生气十足（图7–14）。

1970年，陕西省西安市南郊的何家村发现了一处唐代窖藏，里面藏有大批金银器，包括一件鎏金舞马衔杯纹仿皮囊银壶（图7–15）。这是一个盛酒的器皿，整体形状模仿北方游牧民族的皮囊壶，壶腹的两面分别锤击出一匹形象生动、衔杯匐拜的舞马。马的肌肉饱满，马鬃、马尾的毛发浓密，颈部有向后飘逸的丝带，毛发与丝带等细节都是以錾刻技术加工。据《明皇杂录补遗》记载，唐玄宗时宫廷专门驯养了百余匹舞马，玄宗经常观看甚至参与舞马表演训练。每到玄宗的生日，这些舞马就在兴庆宫的勤政楼下跳舞贺寿。每匹舞马身上都挂有璎

图7–14　圆明园十二生肖兽首铜像的马首

图7–15　陕西西安何家村发现的鎏金舞马衔杯纹仿皮囊银壶

珞珠宝等饰物。表演到高潮时，舞马会跃上三层高的板床，壮士们把板床和舞马一并举起，舞马衔着酒杯给玄宗敬酒祝寿，之后马也喝酒醉倒。玄宗的宰相张说在《舞马千秋万岁乐府词》里描绘过此等场景："更有衔杯终宴曲，垂头掉尾醉如泥。"不过，中国文化遗产研究院的研究员葛承雍认为，马并不会喝酒，人们只是把它们训练成酒醉卧倒的样子，或者是马跳舞跳累了，卧倒在地。

"昭陵六骏"是唐代战马的代表，它们是雕刻在唐太宗昭陵（位于陕西省咸阳市礼泉县）的北司马门内的六块骏马浮雕石刻，分别是唐太宗在以往征战生涯里先后乘坐过的六匹神骏——什伐赤、青骓、特勒骠、飒露紫（图 7–16）、拳毛䯄（图 7–17）、白蹄乌。六骏中唯有飒露紫前立有一人像，据说是唐朝大将邱行恭。据《旧唐书・丘行恭传》载，李世民在洛阳邙山与王世充交战时，与随从将士失联，唯有丘行恭追随。李世民的坐骑飒露紫前胸中箭，丘行恭把自己的坐骑让给了李世民，并为飒露紫拔箭。后来，李世民为了表彰丘行恭与飒露紫护驾有功，特命人将他与飒露紫的这一幕雕刻下来，立于自己的陵墓前。于是，在"昭陵六骏"的这幅浮雕中，我们便见到飒露紫前胸中箭，头部垂下，依偎着人，嘴巴微张，身体后倾，臀部缩起，显现出疼痛难忍、四肢无力的神情。而丘行恭身穿战袍，腰间悬着佩刀、箭囊，正在低头为飒露紫拔箭。这

图 7-16 “昭陵六骏”中的飒露紫

图 7-17 “昭陵六骏”中的拳毛䯄

些石刻简练明确的造型，娴熟浑厚的手法，栩栩如生地突出了六骏的勇武、刚烈，以及在战场上的不同遭遇，也展现了初唐时期写实性极强的艺术风格。六骏中的“飒露紫”和“拳毛䯄”在 1914 年被美国人打碎装箱盗运至美国，现藏于费城宾夕法尼亚大学博物馆。1918 年，美国人把其余四骏也都敲打下来，但在盗运之时被当地人发现并坚决阻止，最后行动未能得逞。后来，人们将这些破碎的四骏石雕重新拼接修复，陈列在博物馆里。

唐三彩是一种以黄、绿、白三色为主的三彩釉陶器，盛行于唐代，主要用于陪葬。在唐代以前，陶瓷器往往是单色釉或双色釉，自唐代起，陶瓷器上开始施以多种颜色的釉彩。有学者考证，这和唐代的审美观点发生巨大变化有关。唐代以前，人们崇尚素色，唐代开始体现出开放包容的特色，许多外来文化进入中原地区，在颜色的表现上呈现出争奇斗艳的风格，唐三彩就是唐代灿烂文化的一个缩影。唐三彩中以马的造型最为常见。唐朝右领军卫大将军鲜于庭诲墓（位于陕西省西安市）中出土的三彩马（图 7-18），马头细长，脖颈粗壮，胸部和腿部肌肉饱满，四肢刚劲有力，马的全身呈浓淡相宜的黄色，马头佩戴的络头、身上披的攀胸和鞦带及上面挂的杏叶形饰物、马鞍上的鞍袱等均为绿色，几种色彩对比反差明显，给人留下深刻印象。

画作中也有不少画马精品，其中以玄宗时期韩干绘制的为佳。有学者考证，唐代的大诗人王维慧眼识英雄，资助在酒馆里打杂的小厮韩干辞掉工作，师从当时著名的宫廷画家曹霸学习绘画。后来唐玄宗看了韩干的画，又安排他拜画马圣手陈闳为师。身为宫廷画师的韩干在虚心学习、用心钻研的同时，想

图 7-18　唐代将领鲜于庭诲墓出土的三彩马

到了师法自然，搬到马厩里与马同居。皇家马厩里的御马最多时超过 40 万匹，经过长期的观察和揣摩，韩干对马的形象、习性、性格特征、动作规律了如指掌，最后他笔下画出来的马，眼睛有棱有角，耳朵又高又挺，胸脯丰满发达，四肢强健有力，马尾细长，完全合乎良驹的标准。唐玄宗最喜欢的名马“照夜白”就被韩干描绘成昂首嘶鸣、四蹄奔腾、体态矫健、充满生命动感的模样（图 7-19）。人们认为韩干所绘之马雍容华贵、气度不凡，显示了盛唐时期特有的精神气质。

《清宫兽谱》里绘的马则表现得中规中矩，老老实实地站在那里（图 7-20）。但是，马的胸脯同样丰满发达，四肢也显

图 7-19　中唐画家韩干所绘之名马“照夜白”

图 7-20 《清宫兽谱》中的马

得强健有力。特别是马的毛色，黑白相间，为以前的绘画所不见，这种反差鲜明的颜色，与马站立的大地、身旁的树木及河流的淡色相比，凸显出马匹的中心地位。

马因善于奔跑和负重，在中国历史上扮演着极为重要的角色，它们牵引的车可以用于托物运输、日常出行，而疆场则是马更绚烂的舞台。商周时期的主要征战手段是以马驱动的车战；战国后期赵武灵王为对付游牧民族而进行胡服骑射改革，继而组建骑兵部队，让骑兵成为重要的作战辅助力量；直到两晋时期，得益于马鞍和马镫等重要马具的发展和完善，以马为基础的重装骑兵最终成为战争舞台上的主角。在秦汉之后的历代王朝中，马都是国防力量的重中之重，统治者对养马业十分重视。总而言之，家马的驯化和豢养，不仅让古人获得了富含蛋白的肉、奶等食物，更提高了运输和战斗能力，极大地促进了人群的迁徙、民族的融合、文化的传播以及社会的进步。基于马对历史的重要贡献，无怪乎宋代王应麟在中国传统的启蒙教材《三字经》中将马排在六畜之首的位置。

第八章 美的化身

在传统文化中，羊代表着善良、温顺、吉祥与仁义，这可能跟羊为我们提供衣食有关。

从分类学上看，羊属于哺乳纲、偶蹄目、牛科下的羊亚科。羊亚科是牛科中分布最广、成员最复杂的亚科，下面共有13属，其中在中国分布有8属。我们日常所说的家羊，一般是指羊亚科下盘羊属的绵羊和山羊属的山羊。

绵羊可能由盘羊驯化而成，它们体躯丰满，头部较短，嘴尖、唇薄，门齿锋利，很适合采食低矮的小草及根。公绵羊一般都有螺旋状的大角，母绵的羊角小或无角。绵羊性情温顺，合群性强，有跟随领头羊成群出动的习性，因而很适合放牧和集中管理。它们的体毛绵密，剪下来后是经济价值非常高的毛织品原材料。

山羊则由野山羊驯化而成。山羊的角斜向后方生长，形如弯刀，角上有许多大而明显的横棱，角的横切面呈三角形。公羊的角非常发达，母羊的则相对短小。另外，公羊颌下一般长有胡须。山羊的活动能力强，性格比较淘气，喜欢并擅长跑跳与登高。山羊食性广，最喜食多汁的嫩叶。它们的性格也比绵羊好斗，因而往往更能抵御其他野兽侵害，但也增加了放牧的难度。

绵羊在中国的传播链

国际学术界普遍认为，最早被驯化的绵羊和山羊是在伊朗西南部的扎格罗斯及周边地区，时间为距今 10000 年前。根据到现在为止的研究，我们认为中国养羊已经有 5000 多年的历史。考古资料显示，在距今约 5600 至 5000 年前，起源于西亚地区的家养绵羊突然出现在中国的甘肃和青海一带，然后逐步由黄河上游地区向东传播，到距今 4000 年前后遍及整个黄河流域。

我们的判断基于以下 8 个证据。第一，我们在中国境内距今约 10000 至 6000 年前的多个遗址中发现了狗、猪等家养动物的骨骼和野生的鹿科动物的骨骼，并证实这些动物的骨骼是被古人食用后遗弃的，但那些遗址中却从未发现过羊骨，这证明在那个时间段，我们的古人跟羊还没发生什么联系。

第二，20 世纪 70 年代，考古人员在甘肃天水的师赵村遗址 5 号墓发现了随葬的羊下颌；在属于同一时期的马家窑文化墓葬（位于青海省民和县核桃庄）里，考古人员也发现了完整的羊骨架，这是羊的骨骼首次出现在中国新石器时代的考古遗址中。因为多种原因，当时的研究人员没有对羊骨开展进一步的研究，仅仅是做了文字记录。我们现在已无法找到那些羊骨，因而无法判定师赵村遗址和核桃庄遗址出土的羊骨是绵羊骨还是山羊骨。但是，考古人员在年代稍晚的多个遗址里发现的羊骨都属于绵羊，而迄今为止中原地区所知最早的山羊发现于二里头遗址二期文化层。基于这些，我们可以合理推断，师赵村和核桃庄这两个遗址出土的羊骨应该也是属于绵羊的。

第三，自甘肃和青海地区发现绵羊骨后，在距今 4300 至 3900 年的陶寺遗址、王城岗遗址（位于河南省登封市）、瓦店遗址等多个遗址的龙山文化层里均发现有属于绵羊的骨骼，再往后，在距今 4000 多年前山东地区属于龙山文化的遗址里也发现了当地最早的绵羊骨骼。到商代以后，在各个历史时期的遗址里基本都有羊骨出土。从历时性的角度观察，绵羊在甘肃和青海地区的出现、发展及沿着黄河流域向东扩散的路线是十分清晰的。

第四，通过对上述遗址出土的绵羊骨骼进行鉴定，我们发现它们的尺寸大小比较一致，与商周时期可以确定是家养绵羊的测量数据十分接近，且在形体上变化也不明显，这可以推断它们都属于家养绵羊。

第五，在同属4000多年前龙山文化的白营遗址（位于河南省汤阴县）、东下冯遗址（位于山西省运城市夏县），考古人员又发现了将羊捆绑后单独埋葬的现象。考古人员在属于齐家文化的甘肃大何庄遗址发现了绵羊的肩胛骨，上面有火烧过的痕迹，很可能与占卜有关。动物考古研究人员在鉴别家养动物和野生动物时，基本都将单独埋葬动物和用动物进行占卜活动等行为视作只与家养动物相关，而不涉及野生动物。因此，这几个遗址中出土的羊骨应该也属于家养动物。

第六，动物考古学者还在陶寺遗址发现了当时存在剪羊毛行为的证据，这是古人除了将家养绵羊作为肉食资源，还对家养绵羊进行二次开发的行为。

第七，分子生物考古学者对中国多个遗址出土的绵羊骨进行了线粒体古DNA分析，发现了最早出现于西亚地区的绵羊世系A和绵羊世系B的基因，显示出中国古代遗址中出土的绵羊基因和西亚地区的绵羊基因之间存在密切关系。

第八，通过对位于黄河中上游地区多个遗址出土的绵羊遗骨进行碳氮稳定同位素分析，发现这些绵羊生前的食物主要是C_3植物，也有少量C_4植物。要知道，在年平均温度低于15℃的地区，植被中野生的C_4植物少得可以忽略不计，因而绵羊食谱中出现的C_4植物，可以认为是人工喂养小米的秸秆等C_4类农作物的结果。我们对多个遗址出土的绵羊骨骼进行了碳氮稳定同位素分析，发现从龙山时代开始，经过属于夏朝的二里头时期，再到属于晚商的殷墟，绵羊的食物一直保持这种状态，即以 C_3 植物为主，也包括少量 C_4 植物，这反映出在相当长的时间里古人饲养绵羊的方式一直比较稳定，即对绵羊一直是以放养为主。

这些研究首次揭示了绵羊在中国的出现及早期发展的过程，具有重要的学术价值。

羊肉与“鲜”画等号

民以食为天，食以肉为上。我们在中国多个时期的考古资料中都发现了羊作为肉食资源的痕迹。比如，在我们上面提到的多个新石器时代和夏商时期的考古遗址中发现的羊骨大多是破碎的，这可能是古人吃完羊肉后，再敲骨吸髓的缘故。

马、牛、羊、鸡、犬、豕是国人熟知的“六畜”，许慎在《说文解字》中说到“羊在六畜，主给膳也”。六畜之中，古人把羊作为主要的宴飨和祭祀之肉，是因为羊的豢养成本较低，口感好，性价比高。相对于需要大量口粮的马和牛，以及完全依靠人工喂养饲料的猪，羊的食物以野生植被为主，饲养成本更低；而相对于鸡和狗，羊所提供的膳食品质和数量也是它们不能比拟的。

在新疆维吾尔自治区属于青铜时代和铁器时代早期的墓葬中，考古人员发现了多处羊作为肉食资源的迹象。例如，在下坂地墓地（位于塔什库尔干塔吉克自治县）的62号墓和104号墓的随葬木盘上发现了羊的脊椎骨，这些脊椎骨尚未愈合，表明羊死的时候尚未超过2岁（图8-1）；在萨恩萨伊墓地（位于乌鲁木齐市）87号墓的陶钵内，发现了羊的下颌骨、胫骨、尾椎和肋骨等（图8-2）；察吾呼沟古墓群（位于和静县）4号墓和41号墓则随葬了一排羊肋骨，上面还有一把小铜刀，可能是用于切肉的。古人事死如事生，操办丧礼的人应是把这些羊骨连皮带肉放在木盘上、陶钵内，再放入墓中，供墓主人到另一个世界享用。千百年后，这些随葬品的皮肉组织都已腐烂消失，唯有骨骼保留至今，让我们看到古人对逝者的敬惜之情。

山东省东阿县文化馆收藏了一块汉代画像石，上面画有鱼

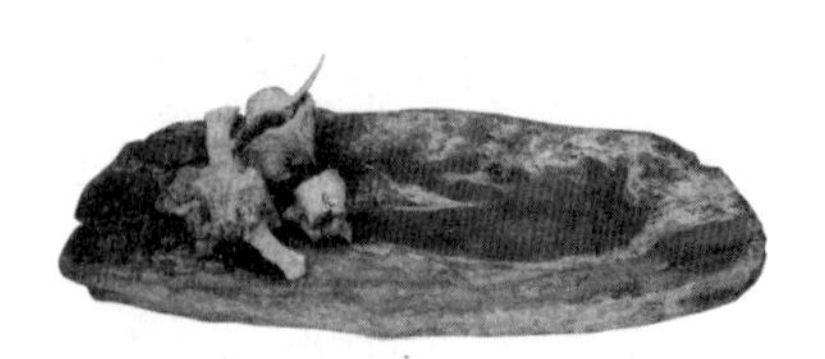

图8-1　新疆下坂地墓地出土的羊脊椎骨

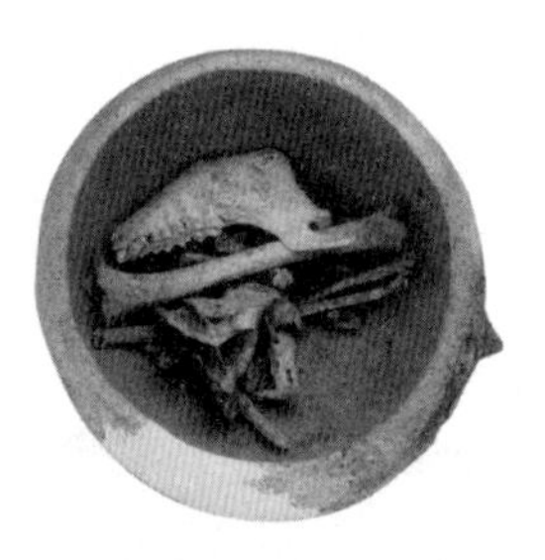

图8-2　新疆萨恩萨伊墓地出土的羊骨

羊图（图 8-3）。图的左侧为一条平放的鱼，右侧是一颗有螺旋状大角的绵羊头。在汉字里，“鲜”字由鱼和羊组成。依据《辞海》的解释，“鲜”字有生鱼、新鲜的肉和味道好的意思。我们看到，“鲜”字左侧的“鱼”泛指所有鱼类，而右侧的“羊”似为绵羊，古人从众多美味的物种中，单单挑出鱼和绵羊配对，来表示味道鲜美，可见在他们的心中，羊肉的美味确实非同寻常。

我们曾研究过唐代大明宫遗址（位于陕西省西安市）太液池西池附近出土的动物遗存。这些动物遗存都出自一个灰坑。经过种属鉴定，这个灰坑中的遗存来自 20 多种动物，其中羊骨数量特别多。我们在唐代以前多个朝代的宫城和宫殿遗址中都发现过动物遗存，占多数的往往是猪骨。相比之下，大明宫

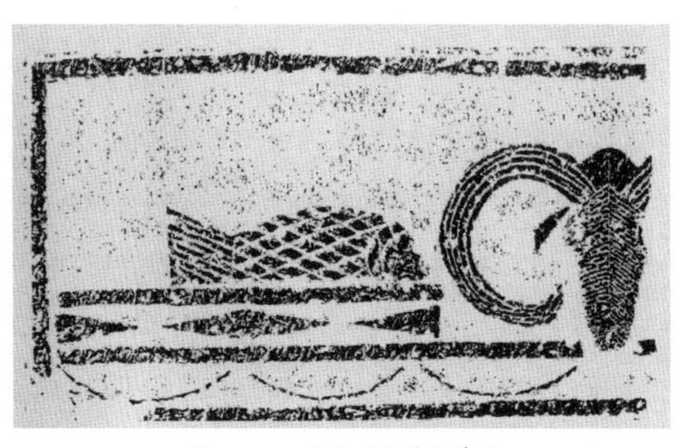

图 8-3　汉画像石上的鱼羊图

遗址出土的动物遗存反而是羊骨比较多，这似乎可以证明唐人更流行吃羊肉。有史料可以与此种发现相互印证。《唐六典·尚书礼部》记载，亲王以下至五品官可享用国家配给的肉类食品，其中亲王以下至二品官，每月给羊 20 头，猪肉 60 斤；三品官每月给羊 12 头；四品、五品官每月给羊 9 头。在这些肉类食品中，羊肉占了大宗。唐代韦巨源的《烧尾宴食单》中列举了 50 多种美味佳肴，其中包括不少以羊为主料的菜肴，如“红羊枝杖”是以 4 只羊蹄支撑起羊的整个躯体，“羊皮花丝”为细切的羊肚丝等。

宋代是我国饮食文化的繁荣期，衍生出了炸、熘、炒、爆、炖、煮、蜜、冻等 30 多种烹饪技法。得益于这些技法，以羊肉为主要原料的美味菜品也层出不穷。宋人喜食羊肉算得上历朝之最，上至皇室、士官，下至平民百姓，都是羊肉的拥趸。据《宋史》《宋会要辑稿》等史料记载，宋太祖时期，一次“宴罢，赐上尊酒十石，御膳羊百口”，宋真宗时期皇家一年的御膳就要消耗数万头羊。仁宗是宋代著名的仁君，《帝鉴图说》中记载了他“夜止烧羊”的故事——深夜想吃烤羊肉，但又“不忍一夕之饥而启无穷之杀”，从而表现其“仁”；但《宋会要辑稿》显示，宋仁宗的宫廷“日宰二百八十羊”。宋神宗时更夸张，御膳房每年消耗“羊肉四十三万四千四百六十三斤四两，常支羊羔儿一十九口，猪肉四千一百三十一斤”。宋哲宗时，大臣吕大防在给皇帝讲述祖宗家法、提倡节俭的生活方式时强调："至于虚己纳谏，不好畋猎，不尚玩好，不用玉器，饮食不贵异味，御厨止用羊肉，此皆祖宗家法，所以致太平者。"祖宗家法规定饮食不讲究山珍海味，御厨做菜有羊肉就可以了。

宋代的士官阶层也是羊肉的一大消费者，其中以大文豪苏东坡尤甚。他的文章《食羊脊骨说》讲到他被贬到当时的蛮荒之地惠州后，生活困窘得连好点的羊肉都吃不上，惠州市井冷清，当地一天只宰一头羊，他不敢与为官者争买优质羊肉，只能买些没多少肉的脊椎骨，然后费心费力从脊椎骨中剔下肉来，用酒腌了，撒点盐，烤到微焦时吃掉。为了吃这点羊肉，苏东坡花了一整天的时间，结果也没剔下来多少，但这并不影响他的好心情，一堆羊脊椎骨被苏东坡吃得津津有味，吃得香飘千年。赵令畤的《侯鲭录》中还记载了一个"换羊书"典故，说的是一个贪吃美食的小臣韩宗儒，他自己没那么多钱，就经常给苏东坡写信，然后把苏东坡的回信拿去殿帅姚麟处换羊肉，"每得公一帖，于殿帅姚麟换羊肉十数斤"，由此可见士大夫阶层喜食羊肉状况。除了王公贵族，市井小民似乎也颇流行吃羊肉。宋人笔记《东京梦华录》介绍开封市民的饮食文化的描写中，以羊肉为主料的美食出现的次数占了肉类美食总数的三分之一，是所有肉类中最高的，可见羊肉在当时肉类的消费市场中占据了最主要的位置。

直至如今，人们对羊肉的喜好仍然不减当年。羊肉的吃法更是五花八门，诸如烤羊肉串、涮羊肉、葱爆羊肉、白水羊头、羊蝎子、羊肉泡馍等，令人闻之垂涎。“羊在六畜，主给膳也”之说名副其实。

羊骨如何反映古人养羊剪毛

古人养羊不仅是为了吃肉和喝奶，还可以从羊身上年复一年地剪取羊毛，制成挡风御寒的毛织品。那么，中国剪羊毛制成织品的历史源于何时呢？我们在整理距今 4300 年的陶寺遗址出土的动物遗存时，发现其中羊骨的数量较多。通过对羊骨里的上下颌骨进行年龄测断，发现其中几乎半数以上的个体活到了 6 岁以上，这与西亚地区用于获取羊毛的羊群的死亡年龄十分接近——国外学者在西亚地区调查时发现，当地为了获取羊毛而饲养的羊群，其平均死亡年龄都在 6 岁以上；而为了获取肉食所饲养的羊，往往 1 岁多就被宰杀了，因为这个年龄段的羊肉比较嫩，而且继续饲养，羊的肉量也不会增加，还不如重新养一头来得经济。作为供应羊奶而饲养的羊群，分析其死亡年龄时发现也是老羊占多数。或许有人会问，那这些遗址中发现的老羊有没有可能是为了产奶而饲养的呢？毕竟羊奶也可以年复一年地挤。如果是这种情况的话，羊骨里必然伴随另一个现象，即羊羔骨头的数量也会相应地多，因为不能留着羊羔跟人争夺奶水，所以必须在它们出生后就宰杀掉。国外学者通过现代民族学调查发现的剪羊毛、喝羊奶和吃羊肉的羊群死亡模式，为动物考古学者探讨古人饲养羊群的目的和方式提供了一个重要启示。继通过对陶寺遗址出土羊骨的死亡年龄进行分析发现当时可能存在剪羊毛的行为后，我们在新砦遗址（位于河南省郑州市，距今约3850—3750年）、二里头遗址出土的羊骨中，也发现了羊的死亡年龄偏大的现象，因而可推断这些遗址中可能也存在剪羊毛的行为。另外，在距今2400年左右的新疆石人子沟遗址中，考古人员不但发现了大量羊骨，还发现羊的死亡年龄与剪羊毛的羊群的死亡年龄相似，并且发现了一端有锯齿、一面磨光的骨器（图8-4），这种工具很可能与羊毛加工有关。由此可以推测，至少在4000年前，陶寺遗址的先民就掌握了剪羊毛的技术，并一直延续了下来。

受保存条件的限制，目前大部分地区的考古遗址都没有

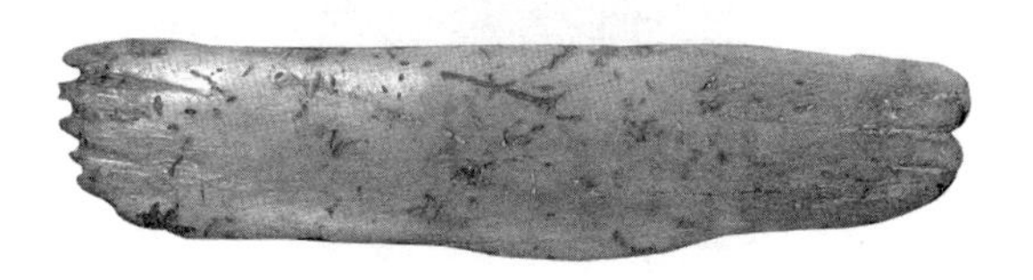

图8-4　新疆石人子沟遗址出土的骨器

出土任何羊毛织品遗物，但在气候干燥的新疆地区却有不少发现。古墓沟墓地（位于新疆罗布泊孔雀河下游，距今约3800年）发现了不少把羊毛和羊绒反复加水擀压制成的毡，例如一具古尸头部佩戴的尖顶毡帽（图8-5）。这顶毡帽为纯色，毡质平匀、厚实，帽顶正面装饰了几根红色的羊绒，侧面插有禽鸟的羽毛。古墓沟墓地出土的羊毛和羊绒织物都是结构简单的平纹组织，即以经纱和纬纱一上一下相间交织而成。五堡古墓群（位于新疆哈密地区，距今约3000—2000年）出土的毛织品则显示出纺织技术有了明显的提升，例如其中的平纹毛绣褐袍（图8-6）。这件袍子底色为深红色，上面用蓝、黄等不同颜色的毛线绣出了许多种不同色泽的小三角纹，这些小三角纹又组

图8-5　新疆古墓沟墓地发现的尖顶毡帽

图 8-6　新疆五堡古墓群出土的平纹毛绣褐袍

成一个个菱形图案。袍子的纹样设色艳丽，设计独到，绣工精细，似乎受到了域外纺织技术的影响。新疆地区出土的古代不同时期的毛织品数量相当多，我们仔细琢磨这些毛织品，可以从中摸索到中国古代毛织品制作技术的发展历程，还能看到古代中西方文化交流的痕迹。

献祭的最佳牺牲

中国古代把用于祭祀的动物称为“牺牲”。古代用来祭祀的动物基本上都是家养动物，并且对动物的种类也有明确的规定。自新石器时代中期以来相当长的时间里，先民用于祭祀的动物主要是猪和狗。到了新石器时代末期，这种情况发生变化，羊成为祭祀用牲的主角之一。如前所述，白营遗址和东下冯遗址中都发现被单独捆绑后埋葬的羊，它们可能是当时的人用绵羊祭祀后的遗存（图 8–7）；大何庄遗址出土的绵羊肩胛骨有火烧灼的痕迹，也可能与占卜有关（图 8–8）。

自新石器时代末期以来，羊牲遗存屡有发现。在距今约3600 年的偃师商城遗址的祭祀沟中，考古人员除了发掘出大量猪骨架，还发现了一堆一堆的动物骨骼。这些骨骼中有猪骨、牛骨和羊骨，可能与文献中提到的“太牢”相关。据古籍记载，商周时期的王在祭祀时，牛、羊、猪三牲全备谓之“太

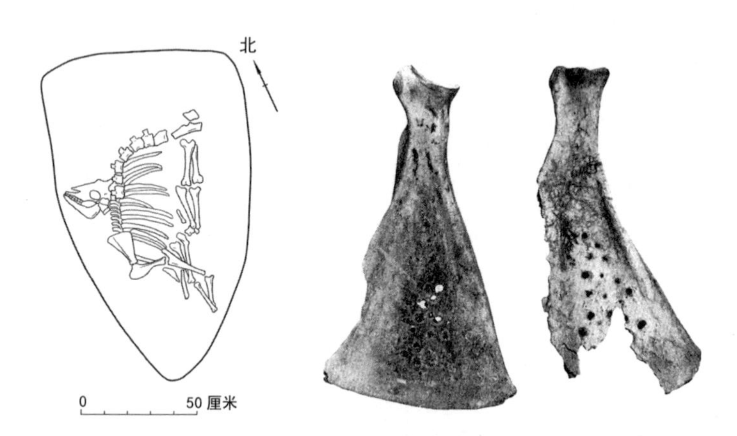

图 8–7　河南汤阴白营遗址发现单独捆绑埋葬的羊

图 8–8　甘肃永靖大何庄遗址出土的用于占卜的羊骨

牢”，只有羊和猪谓之“少牢”，有时候也会只用一头活羊祭祀。“牢”字得名于用于祭祀的动物在行祭前需先豢养于牢（饲养祭祀用动物的圈舍）中。太牢和少牢是古代祭祀等级的最高两级，按当时的礼制，只能由天子和诸侯来行使。在这两级中，羊都是一定要用到的祭祀品，可见羊的重要性。羊的性格温顺，容易驯养，能为人们提供肉食、奶制品以及御寒衣物材料，在崇尚甚至迷信自然的远古时代，拥有如此多美好品质的羊很容易就会被人们神化，赋予其种种美好期盼，甚至演化成某些民族的图腾。例如曾经活跃于中国西北部的古老民族——羌族便以羊为图腾，甲骨文的“羌”字就有两个大大的羊角；不独羊为古人主要的祭祀牺牲，就连养羊的羌人在商朝时期也是牺牲。羊成为古人祭祀活动中的三大牺牲之一，担当着人与神灵、祖先、上天沟通的使者，其原因可能也在于此。

我们在研究属于商末周初的前掌大遗址出土的动物遗存时，发现古人有在墓葬中随葬动物前肢（或许是因为后肢靠近排泄处，古人认为不洁净）的习俗，通常随葬的动物都是一种或两种的组合，比如绵羊和猪、绵羊和黄牛、黄牛和猪。有意思的是，如果在同一座墓里随葬两种以上的动物前肢的话，这两种动物前肢必须选用同侧的，且同一种动物的前肢仅随葬一条。对照文献，《礼记·祭统》提到，“凡为俎者，以骨为主，骨有贵贱。殷人贵髀，周人贵肩。凡前贵于后”，凡是祭祀时盛放于俎中的牺牲之肉，以牲骨为主。骨有贵贱之分，殷人以大腿骨为贵，周人以前部的肩骨为贵，牲体前面部位的骨都贵于后面部位的骨。可见使用动物进行祭祀属于特定的礼制，有明文规定如何做。但是，对照我们在诸多商代遗址中的发现和研究，发现出土的猪、牛和羊的骨骼都是肩胛骨、肱骨、桡骨和尺骨等，因此，《礼记》的记载其实有误，商人同样是贵肩而非贵髀的，而且使用这种习俗的时间比周人早，周人其实是继承了商人的传统。

马家庄秦宫殿宗庙建筑遗址（位于陕西省宝鸡市，年代上属于春秋中晚期）中的1号建筑群庭院内有100多个祭祀坑，牛坑数量最多，有86个，其次是羊坑，有55个。这些羊坑可以分为三类：第一类是把一整只羊放在坑里，摆成侧卧或跪卧状，头朝北方；第二类是把砍去羊头后的羊放在坑里，同样摆成侧卧或跪卧状；第三类是仅在坑里放置羊的肢骨。另外，考古人员还发现了把牛羊组合或人羊组合放在同一个坑中的现象。山西省的侯马市、曲沃县属于春秋时期晋国的故地，这些地方出土的贵族墓地及盟誓遗址里发现了大量动物坑，主要是马坑、牛坑和羊坑，以羊坑为数最多，达数百个。埋羊的方式大多数是把一整只羊放在坑里，少数仅在坑里放置羊的肢骨。

包山楚墓（位于湖北省荆门市）是战国晚期楚国大夫的墓地，其中出土了数百支竹简，有50余支与卜筮祷词有关，详细记述了当时举行的多次祭祀或祷告活动，内容包括祭祀或祷告的仪式、对象、用牲种类与数量等。将这些记述里提及的每次使用的羊牲加到一起，合计为26只，数量上仅次于猪，这反映了羊作为牺牲在祭祀或祷告活动中的重要地位。

从以上的资料可以看出，在先秦时期的祭祀活动中，使用羊是一种比较普遍的现象。尤其是到了春秋战国时期，无论是位于北方的秦国、晋国，还是位于南方的楚国，都把羊作为祭祀祖先、祷告神灵的牺牲。这种习俗一直延续下来，在明昭陵，我们还可以看到案台上摆放着完整的猪、牛和羊牺牲（图8-9）。由此可见，羊作为一种外来的家养动物，进入中原地区之后，开始在中国古代的祭祀活动中扮演重要角色，逐步融入中国的历史。

图8-9　北京昌平明昭陵的猪、牛、羊牺牲

孝顺、吉祥与仁义的象征

羊的性格温顺，羊肉、羊奶能充饥，羊毛能蔽体保暖，这些都让古人对羊产生了美好的印象，因而常常将之反映在带有权力象征意味的礼器之上，例如商代青铜器。1938年出土于炭河里遗址（位于湖南省宁乡县黄材镇）的四羊青铜方尊是我国现存商代青铜方尊中最大的一件（图8-10）。这件方尊颈部高耸，高圈足，肩部四角是4个有螺旋状卷角的绵羊头，羊头与羊颈伸出器外，尊腹为羊的前胸，羊腿则附于圈足上，承担着尊体的重量。

图8-10　商代四羊方尊

大洋洲商墓（位于江西省新干县）出土了一件四羊首瓿，这件盛酒器口大颈短，肩广腹深（图 8-11）。肩部有 4 个带螺旋状卷角的绵羊头，每个羊头之间以一鸟形棱脊作为间隔。腹部上沿以相间的火纹与“亚”字纹为装饰，腹部饰乳钉雷纹。圈足饰兽面纹，且还开了 3 个方孔，应该是为了透气和防潮。

此外，出土地不明的双羊尊也是以羊为题材的青铜器珍品（图 8-12）。此尊的口作筒形，腹部是两只羊的前躯背向相接而成。羊角是绵羊的螺旋状大卷角，尊口下刻有弦纹和龙面饕餮纹。羊颌下及腹下饰扉棱，象征须和腹部垂毛。羊腹饰鳞纹，羊腿饰龙纹。此尊在 1860 年火烧圆明园后被掠夺至海外，现收藏于大英博物馆。

图 8-11　江西新干大洋洲商墓出土的四羊首瓿

图 8-12　流失海外的商代双羊尊

玉器也是一种高级的文化载体。考古发掘中出土的精美玉器数量众多，其中也有不少与羊相关，例如出土于殷墟妇好墓的玉羊头，其弯曲卷翘的双角传神地刻画了羊的样子（图 8-13）。曲村天马遗址晋侯墓地 63 号墓出土的玉羊呈趴伏回首状，螺旋状双角向内卷曲，躯体部分以阴线刻画分出四肢，头、背、尾有隆起的棱脊（图 8-14）。

三国时期东吴地区的青瓷羊形器整体呈跪伏状，身体肥硕，双角向耳内弯曲，昂首张口，圆目睁开，头顶有一圆孔，可能是用来安插蜡烛的（图 8-15）。羊的全身施青色釉，匀净无瑕，光彩晶莹，造型优美。另外，这件青瓷羊形器跟满城汉

图 8-13　河南安阳殷墟妇好墓出土的玉羊头

图 8-14　山西曲沃晋侯墓地出土的玉羊

图 8-15　三国时期的青瓷羊形器

墓出土的青铜羊灯（图 8-16）十分相似，尤其是前腿和后腿弯曲的姿势完全一样。由此看来，东吴的青瓷羊形器似乎是仿造汉代的青铜羊灯制作而成。考古学家在三国时期东吴大将朱然的墓中发现了类似的青瓷羊形器，此人曾追随吕蒙擒杀关羽，又与陆逊合力大破刘备军队。这似乎可以反映出当时地处东南的东吴政权努力学习、模仿汉代文化艺术的意图。

中国古代还有不少以羊为题材的绘画。宋元时期画家赵孟頫创作的《二羊图》是比较著名的一幅（图 8-17）。这幅图以水墨画就，图中有两只羊：一只是双角细长、稍稍弯曲的山羊，正在低头吃草；另一只是拥有螺旋状双角的绵羊，正在昂

图 8-16　河北保定满城汉墓出土的青铜羊灯

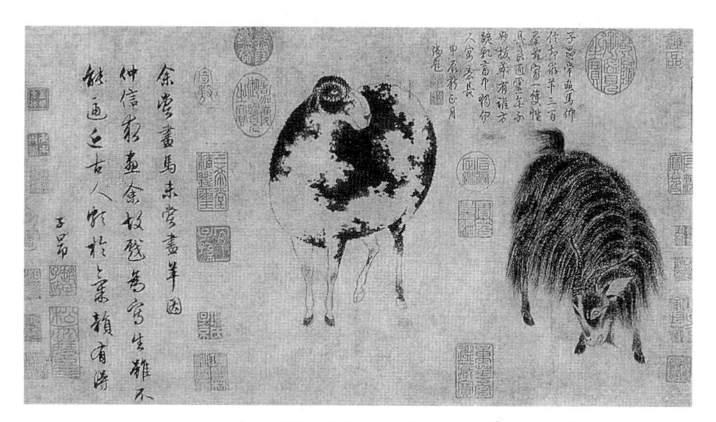

图 8-17　宋元时期画家赵孟頫绘制的《二羊图》

首瞻望。赵孟頫在画的左边题词："余尝画马，未尝画羊。因仲信求画，余故戏为写生，虽不能逼近古人，颇于气韵有得。"可见此画乃赵孟頫除了马以外，唯一绘有走兽的作品。到了清代，乾隆皇帝又在此画上题词一首："子昂常画马，仲信却求羊。三百群辞富，一双性具良。通灵无不妙，拔萃有谁方。跪乳畜中独，伊人寓意长。"在中国古代皇帝中，乾隆写诗最多，值得玩味的却很少，此诗提到的"跪乳畜中独"，倒是反映出他的确观察到了羊在百兽之中的特别之处——羊羔是跪着吃奶的。董仲舒在《春秋繁露》中云："羔食于其母，必跪而受之，类知礼者；故羊之为言犹祥与！"认为羊具备仁义、温和、孝顺、吉祥等美好品德。

迄今为止，我们看到的有关羊的文物，其形象往往都是绵羊的，这可能跟古人更多地利用绵羊有关，表现山羊形象的不多，赵孟頫的《二羊图》是一例，《清宫兽谱》又是一例。在这幅画中，画家以浓淡相宜的绿色、墨色绘出山峦、河流和古树，并以此为背景，来衬托画面中央的主角——一只长着黄色羊毛的山羊，它拥有向后竖起的长角，神态上低眉顺眼，下颌还绘有胡须（图 8–18）。整体来看，画家似乎想强调这只山羊温顺、善良的特质。

图 8–18　《清宫兽谱》中的山羊

甲骨文中的“羊”字特别强调羊弯曲的双角，以寥寥几笔画出了羊的特征。金文中的“羊”字则有复杂和简单两种写法。复杂的有的画出羊的侧面全身像，有的绘出完整的羊头，简单的则和甲骨文类似。简帛和小篆的“羊”字则介于甲骨文、金文和隶书、楷书之间。从隶书开始，“羊”字跟现代的就没什么区别了（图 8-19）。许慎在《说文解字》中对“羊”字的解释是：“羊，祥也。”他认为羊是一种象征吉祥的动物。所以有时候“吉祥”也会写作“吉羊”，汉代出土的许多瓦当、铜镜就常常刻有“大吉羊”字样。除了“祥”，美、善等代表着吉祥美好的字眼，也都含有“羊”字，可见人们对羊的好感。

《诗经》里与羊有关的描述，主要都与祭祀、农事有关。如《豳风·七月》：“朋酒斯飨，曰杀羔羊。跻彼公堂，称彼兕觥，万寿无疆！”大意是聚餐时享用美酒，品尝美味的羔羊，大家齐聚公堂，举起犀牛角大酒杯，互祝长寿。这是记录了年终农业生产结束，大家欢聚庆祝的生活场景。《小雅·无羊》

甲骨文	金文	简帛	小篆	隶书	楷书
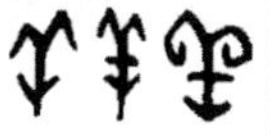	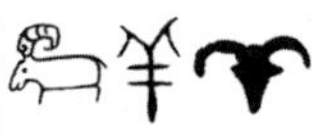				

图 8-19　“羊”字的演变

也写道："谁谓尔无羊？三百维群。"大意是谁说你没有羊，一群就有三百多头。这是在颂扬王室畜牧业的兴旺发达。《小雅·甫田》则写道："以我齐明，与我牺羊，以社以方。"大意是用碗盆装满黍稷，加上献祭的羊，祭祀土地神和四方神。这是在表达周王举行祭祀活动以祈求丰年的意思。这些诗篇通过对羊的描写，表达了欢乐、繁盛和庄严等种种古人的生活侧面。

苏武牧羊是与羊有关的经典故事。据《汉书·苏武传》记载，杜陵人苏武于天汉元年（公元前100年）以中郎将的身份出使匈奴，却遭匈奴单于扣留。匈奴多方威胁诱降，苏武始终没有屈服。于是，他被单于指派到北海（今西伯利亚贝加尔湖一带）边上放牧公羊，声称要等到公羊产子才能获释。在那里，苏武靠着吞冰饮雪、啃食草籽过活，却始终不为威逼利诱所动，就这样过了19年。到了始元六年（公元前81年），汉昭帝决定与匈奴和亲修好，苏武这才得以返回长安。苏武奉命出使匈奴时握有作为使者凭信的旄节，待他19年后再回长安时，依然手持旄节，但上面挂着的旄牛尾装饰已经掉光。把这装饰掉光的旄节与苏武19年的苦难联系到一起，我们看到的是一位精忠报国的志士形象，其"富贵不能淫，威武不能屈"的精神，激励着无数后人不畏强暴，坚持正义。正如班固在《苏武传》中指出："孔子称'志士仁人，有杀身以成仁，无求生以害仁'，'使之四方，不辱君命'，苏武有之矣。"

“肉袒牵羊”是古代战争中战败国向战胜国投降的一种仪式。《史记·宋微子世家》记载：“周武王伐纣克殷，微子乃持其祭器造于军门，肉袒面缚。左牵羊，右把茅，膝行而前以告。”《左传》也有记载：“十二年春，楚子围郑……三月克之。入自皇门，至于逵路。郑伯肉袒牵羊以逆……”北魏史学家崔鸿在《十六国春秋·前赵》中记载了西晋末代皇帝愍帝司马邺向前赵刘曜投降时的举动，“帝肉袒牵羊，舆榇衔璧，出降东门”。以上都记载了战败方的国君脱去衣服，牵着羔羊来投降，大概是想向战胜方展示战败国如同待宰的羔羊一样温顺吧。

“替罪羊”也是中国人非常熟悉的与羊有关的词语。这个词源自《孟子·梁惠王上》，说的是梁惠王看到有人牵着牛从堂下走过，询问得知是要把牛牵去杀了，取其血涂在新钟上。看到牛瑟瑟发抖的样子，梁惠王心生不忍，下令把牛放了。牵牛人问，放了牛，那祭钟仪式怎么办？梁惠王说，可以用羊来代替。有意思的是，基督教文明中也有这种说法。《旧约·创世记》里记载了一个故事。耶和华为了考验亚伯拉罕的忠诚，让亚伯拉罕把独生子以撒燔祭给耶和华。亚伯拉罕疼爱儿子，但出于对耶和华的忠诚，最后还是把儿子绑上了祭坛。正当亚伯拉罕举刀杀子之时，耶和华让天使加以阻止。此时，附近出现一头羊，耶和华便让亚伯拉罕把羊抓来，代替其子燔祭。古犹太教沿袭了这个传统，每年在祭祀的时候，大祭司都会把双手按在羊头上，表示全以色列人的罪孽都由此羊来承担，然后再把羊驱逐到旷野中。这只羊就被叫作“替罪羊”。后来，“替罪羊”被引申为代人受过之人。

中国有些城市是以动物命名的，例如温州被称为“鹿城”，邢台被称为“牛城”，厦门被称为“鹭城”，成都被称为“龟城”，而广州被称为“羊城”。《太平御览·居处部》引裴渊《广州记》称，“州厅事梁上画五羊像，又作五谷囊，随像悬之，云昔高固为楚相五年，五羊衔谷茎于楚庭，于是图其像”，大意是说战国时期，南海人高固在楚国当宰相，曾经看到过有五只羊口衔谷穗出现在楚庭，因此他在广州厅室的梁上画下了五羊图。岁月飞逝，如今的广州市越秀公园仍然矗立着一座高大的五羊石雕（图 8–20）。这座石雕高达 11 米，5 只羊都是山羊，居中的公羊体型最大，凝视着远方，口中衔着谷穗，羊须雕出被风吹过的微拂状，羊角高耸，显示出深沉、威武的神态。围在它四周的 4 只山羊，或是跪乳的羔羊，或是慈祥的母羊，或低头吃草，或嬉戏打闹，俱形态可爱，栩栩如生。如今，五羊石雕已成为广州市闻名海内外的标志性雕塑，羊已经与一个城市的文化紧密地联系在一起了。

综上所述，我们很少会看到羊与负面形象挂上钩。即使是“挂羊头，卖狗肉”“顺手牵羊”这种对他人作出负面评价的谚语，其本身也没有批判羊的意思。这或许印证了羊在人类历史

图 8-20　广州市越秀公园矗立的五羊石雕

上的重要地位。这种起源于西亚地区的家养动物，在 5000 多年前就被古人以文化交流的方式引入中国，它们的肉、奶为人类提供营养补给，它们的毛能制成毛织品为人类挡风御寒，它们的骨头还能用于占卜。性情温驯的它们为人类作出了种种奉献，于是古人将其视作向祖先和神灵奉献的最佳祭品，并在诸如青铜礼器、装饰陶器、画作等众多文化作品中，为其赋予吉祥、美好、温顺、善良、孝顺的文化意涵。

第九章 一棒打出南天门

猴是灵长目动物，与人的亲缘关系最近。这或许是它们虽然在历史上对人类的影响不大，却能被列入十二生肖的原因之一。在传统文化中，猴代表着充满灵性、敢于批判、追求自由的形象，以至于许多地方的民俗都相信在猴年出生的人具备灵性，能成大事。

猴是猕猴、短尾猴、金丝猴等多种猴科动物的统称。从分类学上看，猴属于哺乳纲、灵长目、猴科，猴科之下还有猕猴亚科及疣猴亚科。

猴的大脑容量较大，模仿能力和学习能力强，会简单使用工具。它们的眼眶从两侧移到脸部正面，眼距狭窄，能产生立体视像，能分辨色彩；它们的四肢修长，前肢和后肢都有 5 个指头，大拇指较为发达，能与其他 4 指对握，利于攀爬和抓握东西。

猴一般每 6 个月怀一胎，每胎产仔 1 至 3 只。性成熟的雌猴会来月经，公猴能在任何时间与其他母猴交配。猴子性格活泼，擅长攀援与奔跑，多生活于林间。尤其是猕猴，喜欢在悬崖峭壁、沟谷溪畔和江河岸边的密林中聚集。

与其他生肖动物相比，猴的社会属性明显强很多。在猴群中，首领拥有食物和交配的优先享用权，其他成员则表示出顺从的姿态。同样，当猴群受到外来的威胁时，首领也会先站出来对抗。

猴在解剖学、内分泌学和生理学等方面的特征与人类相似，因此它们被大量用于医学实验领域，尤以猕猴为甚。很多科学家认为，使用非人灵长类动物进行实验是促进现代医学进步的必要手段。在神经系统、生殖发育系统、病毒研究等领域，猕猴有着其他小白鼠之类实验动物所不具备的优势。被当成实验对象的猴子主要是猕猴，特别是食蟹猕猴和恒河猴。例如攻克脊髓灰质炎（即小儿麻痹症），便是以恒河猴为实验对象完成的。鉴于猴子是会思考、有感觉、有意识的动物，以猴为实验对象就显得特别残忍，引发了人们关于伦理道德的激烈讨论。

发现“阿喀琉斯基猴”

按照迄今为止的认识，最早的灵长目化石发现于始新世最早期的地层，距今约 5600 万年。不过，古生物学家认为灵长目的起源必定早于现在所知的最早的化石记录。综合分子生物学和古生物学研究的推断，绝大多数哺乳纲动物都起源于距今6600万至5600万年的古新世。多数古生物学家认为，亚洲最有可能是灵长目动物的起源地。灵长目动物在此起源之后，迅速向西面的欧洲和东面的北美这两个方向扩散。

在分类学上，灵长目之下还可以分为曲鼻猴亚目和简鼻猴亚目。曾在中国生活过的简鼻猴亚目之下的科包括已经灭绝的基猴科（生活于距今5600万年的早始新世）、鼩猴科（生活于距今5600万年的早始新世至距今约3400万年的晚始新世）、曙猿科（生活于距今4500多万年的中始新世至距今约3400万年的早渐新世）、上猿科（生活于距今2300万年的早中新世至距今约700万年的晚中新世），还有现存的跗猴科（生活于距今4500多万年的中始新世至现代）、猴科（生活于距今约800万年的晚中新世至现代）、长臂猿科（生活于距今900多万年的晚中新世至现代）和人科（生活于距今约1500万年的中新世至现代）。如果按照跗猴型灵长类和类人猿进行区分的话，基猴科、鼩猴科和跗猴科合称跗猴型灵长类，曙猿科、上猿科、猴科、长臂猿科和人科则属于类人猿。

古生物学家多次在亚洲发现灵长类动物的化石。2013年，中国科学院古脊椎动物与古人类研究所研究员倪喜军领导的国际古生物学家团队，在湖北省荆州市附近地区属于早始新世

（距今约 5500 万年）的地层洋溪组湖相沉积[①]环境中，发现了一具相对完整的灵长类动物化石。这是目前所知的最古老、最完整的灵长类化石骨架。这具化石的身体短小，仅有 7 厘米，体重也只有 20 至 30 克，尾长 13 厘米，和现存最小的灵长类动物侏儒狨猴体积相近。此外，这具灵长类动物化石的头骨、牙齿和四肢骨头的很多特征都与跗猴类似，但脚后跟的骨骼特征却与类人猿接近。跗猴的脚跟很长，这让它们变得非常适合在树林间弹跳。相比之下，包括人类在内的类人猿的脚跟短而宽，不擅长跳跃，更适合行走或奔跑。这具灵长类动物的化石在演化上的地位相当独特，在它出现时，跗猴刚刚与类人猿分家，这具化石脚后跟的骨骼上还保留了一些类人猿的特征。古希腊神话中，英雄阿喀琉斯的唯一弱点是脚后跟，依据这个典故，解剖学上将连接脚跟的腓肠肌和比目鱼肌的肌腱称为“阿喀琉斯腱”。倪喜军团队在湖北发现这只早期灵长类动物的脚跟具有类人猿的特点后，为了凸显这一有趣特征，他们将其命名为“阿喀琉斯基猴”。基猴，即基干灵长类之意。倪喜军表示，阿喀琉斯基猴的脚的抓握能力很强，在跳跃中可以仅靠双脚抓握树枝，解放出来的双手就能做出捕食动作，这可能是很久以后类人猿走下树干、直立行走并最终演化为现代人的生物

① 湖相沉积是指在湖泊环境中形成的沉积物。

学基础。2013 年,《自然》杂志刊登了阿喀琉斯基猴的复原图,由于现在亚洲地区的热带丛林中还有跗猴，因此，依据阿喀琉斯基猴化石和现生跗猴的形象复原的这张图尽可能地体现了科学性（图 9-1）。阿喀琉斯基猴的发现进一步证明了在灵长类动物出现之时，其形体是非常小的，这颠覆了以前颇为流行的一种认知，即类人猿的早期类型与某些现生类人猿在体型上相差无几。同时，这也有力地证明了亚洲很可能是灵长类动物的起源地。

在更新世及时间更早的地层里，考古学家也发现了不少灵长目动物的化石，但能保持完整的不多，盐井沟古生物化石遗址（位于重庆市万州区，距今约 80 万—70 万年）发现的金丝猴头骨化石是典型一例（图 9-2）。这块化石的头骨形状相当完

图 9-1　阿喀琉斯基猴复原图

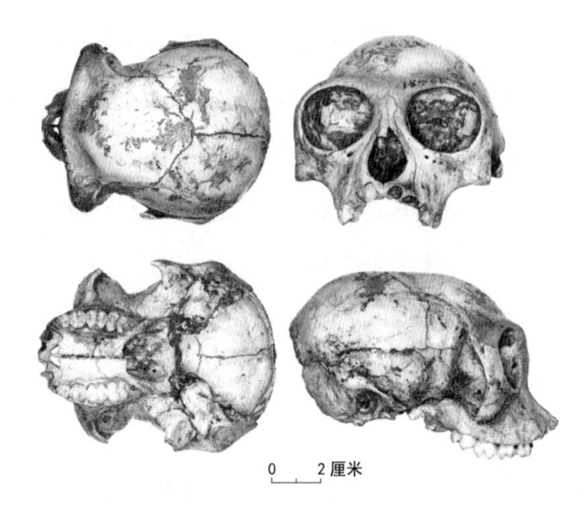

图 9-2 重庆盐井沟古生物化石遗址发现的金丝猴头骨

整，除了整体比较粗壮，其他特征与现在的金丝猴头骨几乎完全一致。

动物考古学家对新石器时代以来的将近 300 处遗址出土的动物遗存进行研究，发现其中有猴科动物骨骼的遗址数量很少，仅有 40 余处。这些遗址绝大多数属于新石器时代，也有个别属于商周时期。这些遗址分别位于辽宁、河北、甘肃、陕西、河南、西藏、云南、广东、广西、福建、浙江等省市自治区。尽管从行政区划来看，这些遗址涉及多个北方地区的省和自治区，但其中有 70% 以上都位于长江流域及华南地区，与猴的自然栖息地大致吻合。依据动物考古学家的鉴定，考古遗址出土的猴的种类有猕猴、金丝猴、叶猴和藏酋猴等。值得注意的是，这些遗址中即使出土了猴的骨骼，数量也很少，且基本都已破碎。关桃园遗址（位于陕西省宝鸡市，距今约 8000—7000 年）出土的金丝猴头骨是迄今为止在北方地区首次发现的属于新石器时代的头骨（图 9-3）。我认为考古遗址中发现的猴子，很可能是古人捕获的猎物，古人在偶然间捕得它们，经过宰杀、肢解、食用后丢弃，残存至今，直到被考古学家再次发现。

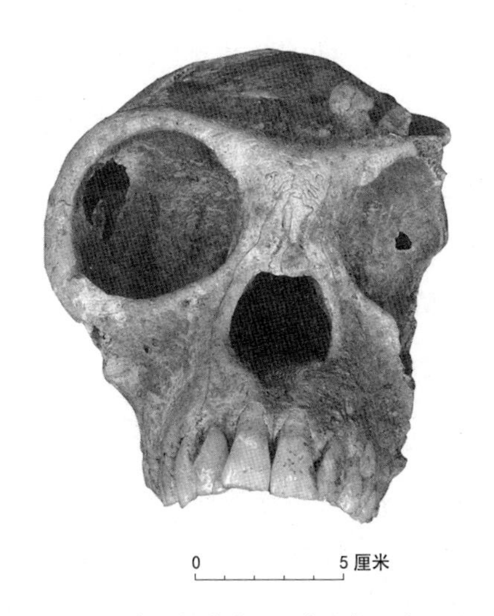

图 9-3　陕西宝鸡关桃园遗址发现的金丝猴头骨

从宠物到封侯意象

到了商代，在安阳殷墟武官村北地的一个祭祀坑里，考古人员发现了一只被单独捆绑埋葬的猴子，它被摆放成侧身屈肢的样子，脖颈处挂有一个铜铃。这是一副比较完整的猴子骸骨。通过观察猴子出土时的状态，考古人员认为它是被活埋致死的。同样是在武官村北地，考古人员于另外两个祭祀坑中出土了两头黄牛和一头幼象的骸骨，这三头动物的脖颈处也都挂有一只铜铃。另外，殷墟的墓葬中往往有腰坑[①]，腰坑中经常会埋有狗，考古人员在某些狗骸骨的脖颈处也发现了铜铃。我认为当时这类动物可能具有类似宠物的身份，脖子上系的铜铃，会随着活动发出清脆的铃声，给主人增添饲养宠物的乐趣。那只被单独埋葬的猴子生前可能得到主人的宠爱，最后被人们活埋了，用来献给先人和神灵；为了防止它逃跑，还要将其捆绑起来。这种处置方式，暴露出商人残忍的一面。

猴子形象的文物不少，特别值得一提的是二里头遗址 6 号墓出土的一只仅有指甲盖大小的骨雕猴（图 9–4）。出土时，这只骨雕猴放在一副儿童骸骨的胸前，应是其玩具。在这片高 2.2 厘米，宽度与厚度均不到 1 厘米的骨片上，古人用刀简洁

---

① 指在墓底中央墓主腰部下的位置有意挖出的小坑。

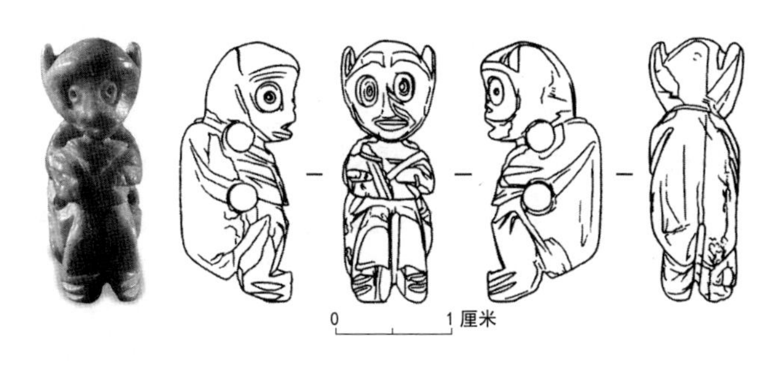

图 9-4　河南洛阳二里头遗址发现的骨雕猴

地刻出了一只蹲坐的小猴。小猴的双耳竖起，双眼圆睁，嘴巴微张，双手交叉抱于胸前，小小的爪子搭在肩上，两腿并拢屈起。考虑到骨片仅高 2 厘米多一点，却要雕刻出一只身形基本完整的猴子，实属不易。更加不易的是，不但要在正面刻出猴子的形象，还要通过在骨片的左右两侧及背面刻画，将蹲坐的猴子立体地呈现出来，做到前后左右呼应。因而，这件骨雕反映出了大约 3600 年前的艺术家细致入微的观察力，工艺水平精湛高超。没有长时间的观察和具体实践，是很难把小猴的形象表现得如此活灵活现的。由此我想到，这件艺术品可能不是居住在二里头的先民完成的，因为环境考古和动物考古的研究都提示我们，二里头遗址所在的地区没有猴子，当地的居民没有机会观察到猴子，自然无法雕刻出如此生动的猴子形象。另外，骨猴的材质应该是具有很厚骨壁的哺乳动物的肢骨，只有大象等大型哺乳动物才有这样厚的肢骨，而二里头遗址中没有发现过类似大象等大型哺乳动物的遗存。放眼中国大地，仅有西南地区既存在大象等大型哺乳动物，同时又有猴子频繁出没。因此，这件骨雕猴可能是由西南地区的先民制作，并通过文化交流带到二里头的。

相比骨雕猴仅发现一件，青铜器上的猴子形象则较为多见，且颇具地方特色。例如 1989 年山西省闻喜县上郭村 7 号墓出土的刖人守囿车（图 9-5）。这件属于西周晚期的青铜器高 9.1 厘米、长 13.7 厘米、宽 11.3 厘米，是一辆厢式六轮车，有 2 大 4 小 6 只轮子，车厢顶部有一对可以打开的扇盖，其中一

图 9-5　刖人守囿车

个扇盖上镶嵌了一只呈蹲伏状、模样呆板的猴子，猴子的前爪压在扇盖之上，使其不得随意开启，起到盖钮的作用。盖的四角放置 4 只鸟身可以转动的圆眼尖喙小鸟围绕着那只猴子。厢式车的前部有两扇可以开启的门，一扇门上镶嵌有一个失去左腿足部的裸体小人，显示此人受过刖刑。这辆车除了猴子，还有其余 20 多种动物。《周礼・秋官司寇・掌戮》载，“刖者使守囿”，就是让受过断足之刑的人守护君王贵族用以狩猎、游乐的园林。因此，此车被命名为“刖人守囿车”。需要强调的是，北方并非猴子的自然栖息地，因此这里的古人即使在艺术作品中使用了猴子的元素，所塑造出来的猴子也缺乏灵气，没有生动的感觉。

猴子形象的青铜器以云南地区出土最多，有将近 50 件。年代上属于春秋战国时期的石寨山古墓群，出土了多件青铜剑和青铜扣饰，上面很多都有猴子的形象，例如 13 号墓出土的一柄狩猎纹青铜剑（图 9–6）。这把剑的剑身两面都刻有猴子帮助一名赤身女子与猛兽搏斗的画面。一面为猛兽以四肢缠抱一名盘发、带耳饰的裸体女子，女子左手持匕首，作欲刺猛兽状，猴子从后面跃上抓住猛兽的尾巴，张嘴欲咬。另一面的内容也大致相同，但猴子与女子的动作略有区别——猴子已死死咬住猛兽的尾巴，女子的右手抬起，左手持的匕首已经接近猛兽的身体，双腿开始从猛兽的下肢中挣脱。这两幅画表面上都

图 9-6　云南昆明石寨山古墓群出土的狩猎纹青铜剑（线描图）

展现了先民和残酷大自然斗争的场景。

石寨山古墓群 71 号墓也出土了一把猴形铜柄剑（图 9-7）。其剑柄以圆雕的手法刻出一只蹲坐的猴子，猴的形象为双面对称。猴的双颊下都有卷曲的胡须，赤身，乳房和腹部下垂，前肢自然下垂，后肢曲起呈蹲坐状。71 号墓还出土了一件圆形猴边鎏金铜扣饰（图 9-8）。青铜扣饰是一种背部带挂钩的装饰品。这个扣饰为圆形，以青铜为底座，中央镶嵌了一块呈放射状的红色玛瑙，玛瑙周围镶嵌了一圈又一圈的圆形绿松石。底

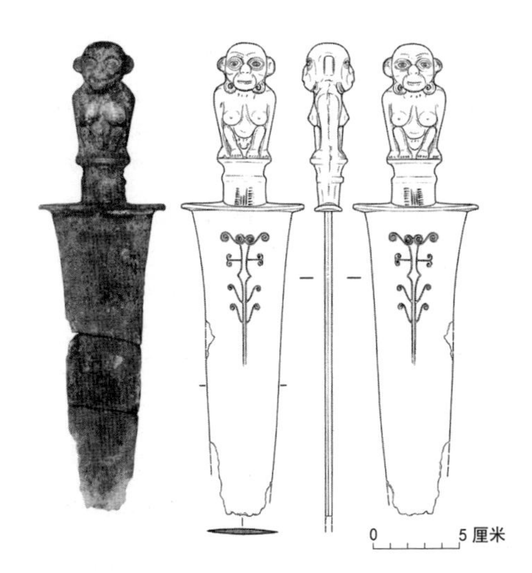

图 9-7　云南昆明石寨山古墓群出土的猴形铜柄剑

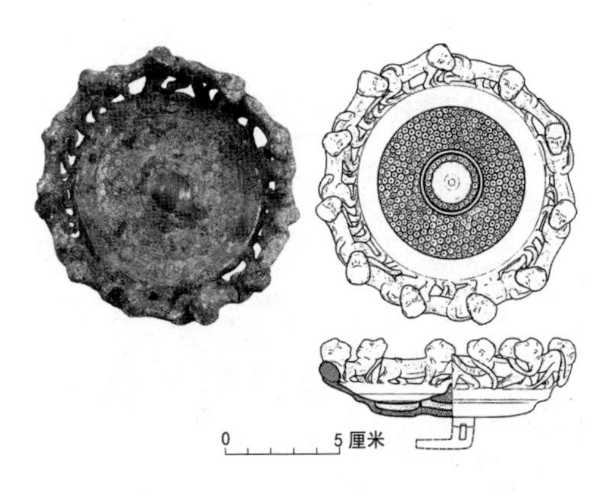

图 9-8　云南昆明石寨山古墓群出土的圆形猴边鎏金铜扣饰

座的外围由 11 只彼此首尾相连围成一圈的猴子组成。猴首均左顾，四肢蜷曲伏地，每只猴子的尾巴都搭在后面那只猴子的上身。

李家山古墓群位于云南省玉溪市江川区，其中的 51 号墓出土了一件长方形猴边青铜扣饰（图 9–9）。扣饰中部镶嵌了管珠和孔雀石，9 只猴子按逆时针方向环绕于扣体边缘，后面那只猴子的右前爪搭在前面那只猴子的脊背后部上方，个别还拽住前面那只猴子的尾巴；其头上大多还缠着前面那只猴子的尾巴。

研究人员发现，上面这些带有猴子形象的青铜器有不少像是出自同一个作坊或同一批工匠之手，这些作坊和工匠很可能是专门为王族、贵族服务的。在中国各个时期的众多考古学文化中，唯有云南地区的青铜文化出土了如此集中地表现猴子

图 9–9　云南玉溪李家山古墓群出土的猴边青铜扣饰

的人工遗物，这应该和滇南山势起伏，气候温暖湿润，林木茂盛，适宜猴子生存和繁衍的独特环境有密切关系。居住在这个地区的先人能够长时间地观察猴子的行踪。猴子生性好动，智商较高，形态又接近于人，久而久之，猴子的形象就成为当地精神文化中的一个特殊元素。云南地区的先民在接受外来青铜文化影响、对自己的文化进行再创造的过程中，有意识地融入了猴子的造型，赋予其特殊意义，展现出既有本地文化传承，又有外来因素影响的独特面貌。

在内蒙古地区的鄂尔多斯式小型青铜装饰物（属于春秋战国时期）上，人们发现了猴子骑马的形象（图 9-10）。这些骑在马背上的猴子或戴冠，或不戴冠，均为大眼、尖嘴，背微驼，双手合于胸前，与下颌相连，胸前有一圆孔，应为供佩挂之用。猴子所骑之马全都身形矮小，尾巴翘起。内蒙古并非猴子的自然栖息地，当地人应无猴子的概念，出现这些猴子骑马的装饰，应该别有缘由。北京大学考古文博学院的王迅教授借鉴日本学者的研究成果，认为这些猴子骑马的形象显示出当时的人相信猴子与马在一起能防止马生病，即“避马瘟”。他表示，这种观点最早源自印度，后经印度传到伊朗的斯基泰文化，再由斯基泰文化传到欧亚草原地区的塔加尔文化，然后由塔加尔文化传到拥有鄂尔多斯式青铜器的文化，即由印度出发，最终进入中国的内蒙古地区。北魏农学家贾思勰撰写的综

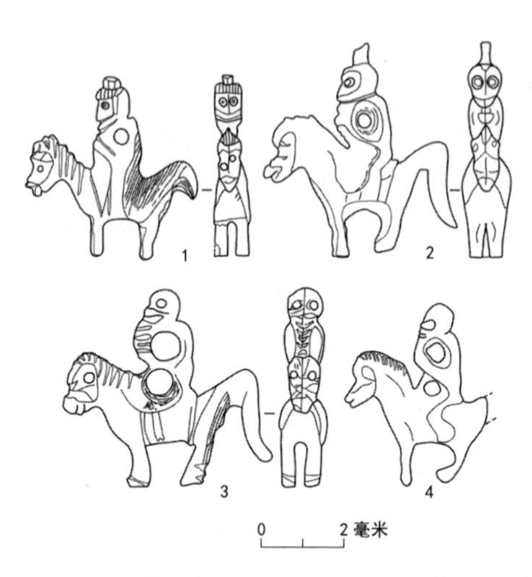

图 9-10　青铜饰物上猴子骑马的形象（线描图）

合性农业著作《齐民要术》就专门提到了这个重要的养马经验："常系猕猴于马坊，令马不畏，辟恶，消百病也。"由此或可推测，有关养猴于马厩可防止马生病的文字记载可能早于北魏时期。此外，成书于汉末的《名医别录》、唐末韩鄂的《四时纂要》以及明代李时珍的《本草纲目》均有类似记载。但从科学上来讲，马厩中养猴以避马瘟不过是古人面对马生病束手无策之时的自我安慰。不少学者认为，后来吴承恩《西游记》中出现的"弼马温"这个官职实际上就是"避马瘟"的谐音。自古以来，管理动物的官职都有特定的名称，但依据谐音制定官名，"弼马温"是独此一例。

同属战国时代的曲阜鲁国故城、陕西咸阳秦墓中均出土了错金或错银的铜带钩，其上有冶铸成猴形的装饰，如鲁国故城战国墓出土的猴形铜带钩（图 9–11）。这只带钩上的猴子通体鎏金，双目镶嵌蓝色料珠，显得炯炯有神；右臂下垂，左臂前伸，右腿曲起，左腿后伸，尾巴略微弯曲上翘。猴子整体作跳跃攀援回首状，形态十分生动。

清代圆明园十二兽首铜像中的猴首也是经典的猴形文物。这只猴首以区别于面部的轮廓表现浓密的毛发，双耳竖起，突出大而圆的眼眶，双目圆睁，嘴巴微张，露齿（图 9–12）。

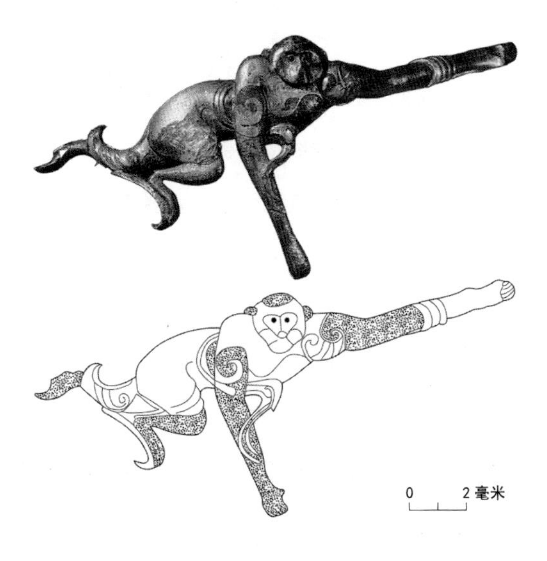

图 9–11 鲁国故城的战国墓出土的猴形铜带钩

图 9-12　圆明园十二生肖兽首铜像的猴首

除了青铜器，古代展示猴子形象的图像也不少，尤其是以马和猴的组合来表达诸如“马上封侯”“射侯”之类渴求功名爵位的意象。人们在山东省济宁市微山县两城镇出土的画像石上发现了人在树下射猴的图像（图 9-13）。这块画像石的下方左右角各有一人，两人均前腿弓起，后腿蹲地，正在挽弓射猴。“猴”与“侯”谐音，树下射猴的人，象征着射取官位，盼能封侯富贵。另外，在河南、陕西、山东地区，也分别发现了猴子骑马的陶俑和刻有猴子骑马图的画像石，这可能也是用谐音和比喻的方式象征“马上封侯”，希冀着功名指日可待。

唐代蔡须达墓（位于辽宁省朝阳市）发现了两件驼峰上蹲着猴子的陶制骆驼（图 9-14）。陶骆驼作昂首站立状，驼峰两侧附有托板，上面放有装满货物的驼袋，驼袋顶端蹲着一只正

图 9-13　画像石上的人射猴形象

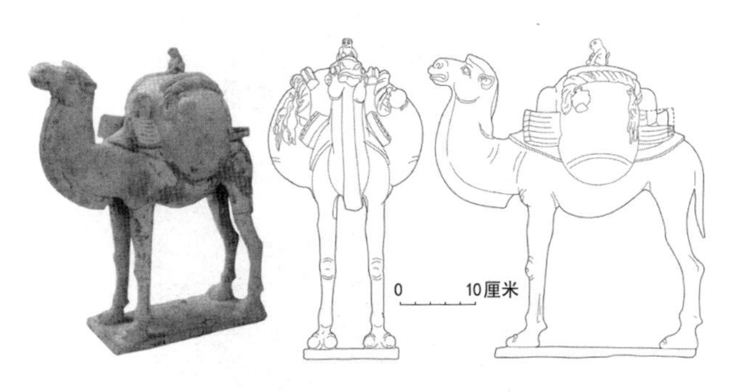

图 9-14　辽宁朝阳蔡须达墓出土的陶制骆驼，驼背的袋上蹲着一只猴子

在眺望的猴子。或许正如前面学者提到的养猴于马厩可防治马生病一样，猴子也有防止骆驼生病的作用。不过，我认为此猴也有可能是商人在丝绸之路上长途跋涉，用以调剂情绪、暂时忘却艰辛的宠物。

古代以画猴见长的画家不多，比较著名的是宋代的易元吉和清代的沈铨。在易元吉的《猴猫图》（图 9-15）中，猴子的脖子上虽有绳套，以长绳相连，系在一个小木桩上，但它活泼捣蛋的本性未改——把一只宠物猫抱在怀中，猫做出张嘴直叫的惊恐状，猴子却一脸你奈我何的得意之色，画得极为传神。

《清宫兽谱》则展示了清代人眼中猴的形象（图 9-16）——一只身披棕毛的猴正手脚并用地攀援一棵古树，猴子双目圆

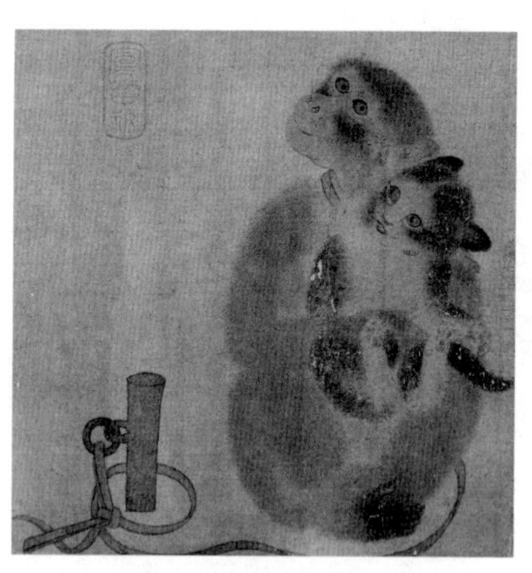

图 9-15　北宋画家易元吉所绘的《猴猫图》（局部）

图 9-16 《清宫兽谱》中的猴

睁，脸上露出调皮的笑容，四肢修长，尾巴向后翘起。整幅画面有石、有草、有树，颜色搭配得当，似乎想展示猴子调皮好动的秉性。

猴的负面形象

甲骨文中表示猴子的字是“夒”，有多种写法，大体上都是直接画出猴子的形象，金文中也是如此（图 9-17）。大概是觉得“夒”字过于难写，到小篆时期，人们以“猴”字取而代之，这是一个由形旁“犭”与声旁“侯”结合的形声字。“猴”字显现出了现代“猴”字的雏形，到隶书时期，“猴”已转变为“猴”

并定型，后一直沿用（图 9-18）。

《说文解字》对“夒”字的解释是：“夒，贪兽也。一曰母猴，似人。”说这是一种贪婪的野兽，又说是猕猴（《说文解字》中的“母”不代表性别，可能是用来记音的字），长得像人。而对“猴”字的解释则是“夒也”。表示猴这种动物的字还有《诗经》里的“猱”，《左传》里的“玃”，《庄子》里的“狙”，《楚辞》里的“猨”“狖”，《山海经》里的“狌狌”“白猿”等。清代朱骏声编写的《说文通训定声》对“猴”字的名称和分类说得更清楚：“一名爲，一名母，声转曰沐，曰猕，其大者曰玃，其愚者曰禺，其静者曰蝯，亦作猨，作猿。”这意思是说“猴”有多种叫法，体大的叫“玃”，愚笨的叫“禺”，安静的叫“蝯”，又叫“猨”或“猿”。

甲骨文	金文	小篆	楷书
			夒

图 9-17 “夒”字的演变

小篆	隶书	楷书
		猴

图 9-18 “猴”字的演变

古人受时代条件和思维水平所限，尚未形成系统科学的生物理论，往往猴、猿不分。东晋人葛洪著的《抱朴子》记载：“猕猴寿八百岁变为猿，猿寿五百岁变为玃，玃寿千岁。”古人所说的猴，很可能并不单独指猴，而是对人以外所有灵长类动物的笼统概括。所以，中国最早描写猴的文学作品应是《诗经》，其中《小雅·角弓》里提到“毋教猱升木，如涂涂附”，大意是说猿猴本就会爬树，根本不用再教，因为那就像是泥浆涂墙粘得牢般自然。

《庄子·内篇·齐物论》中的寓言很好地反映了古人心目中猴子的形象。庄子说，古代有一个养猴人用橡子喂养了一群猴子，有一天他跟猴子说：“早上给你们三颗橡子，晚上给你们四颗。”所有猴子听了都很愤怒，觉得他给少了。养猴人于是改口，说：“那早上给你们四颗，晚上给三颗。”猴子听说早上的分量多了，就开心起来。在这个寓言中，庄子固然是在强调人们不要被眼前的表象所蒙蔽，要看透事情的本质，但也表现了猴子性情易变、挑剔、反叛的特点。

司马迁在《史记·项羽本纪》中也讲过一个关于猴子特点的成语。他提到反秦战争中项羽攻入咸阳，杀死秦王子婴，烧毁秦朝宫室。有人劝他：关中地理位置优越，土地又肥沃，定都于此有利于称霸。但项羽认为富贵不还乡，犹如衣锦夜行，故不予采纳，气得劝诫者评价他：“人们说楚国人沐猴而冠，果真不错。”沐猴就是猕猴，猕猴就算戴上帽子也不像人，以猕猴爱模仿人的特点，来嘲讽项羽装模作样，实际上却虚有其表。项羽在这件事上目光短浅又不听劝，反而恼羞成怒，把劝诫者烹杀了，自己最后落得个自刎乌江的结局。

其他诸如“心猿意马”“树倒猢狲散”“山中无老虎，猴子称大王”“杀鸡儆猴”“猴年马月”等习语，都是描述猴性情中浮躁好动或不光彩的一面，但同时也折射出它们机灵、叛逆的基本特点。

猴子的模仿能力极强，由此延伸出一种名为“猴戏”的传统艺术，流传至今。所谓猴戏，就是猴子表演，据说起源于汉代，汉代的画像石上多有描绘。它是百戏中的一种，后者展现了古人丰富的休闲娱乐生活，有奏乐、舞蹈、角抵（相扑）、杂耍、说书等。猴戏又名“马骝戏”，马骝在今天的广东话中仍有使用，正如“母猴”“沐猴”“猕猴”之名，可能都是同源汉藏语却不同译音的表记而已。

猴戏一般表演的内容是骑山羊、翻跟斗、挑水、走绳索、爬杆、戴面具、穿戏服走场等，参与表演的猴子需从小训练。魏晋隋唐之际，让猴子模仿人的动作与表情的游戏颇为盛行，它们还会与其他动物一起完成表演。五代时期，后唐有个叫侯弘实的侍中，因治军严酷而恶名远扬，蜀中艺人杨于度编了一出名为《猴侍中》的猴戏来嘲讽他。在戏中，他让猴子穿上衣服鞋帽，扮作醉汉躺倒在地，怎么扶都扶不起来。杨唱：“街使来了！”猴子没有反应；杨又唱：“御史中丞来了！”猴子仍然没有反应；最后杨轻轻说：“侯侍中来了！”猴子听了马上跳起来逃窜，做出一副害怕的扮相，惹得观众哈哈大笑。

明清时期，猴戏的形式更加多样化，例如走街串巷的民间艺人是打锣耍猴，杂技团则是训练猴子耍杂技。卖艺者多为二人搭档，一人指挥表演，一人敲锣打鼓，吸引观众、营造气氛并收钱。

猴戏的另一种形式是人扮演猴，例如“大圣戏”，人用惟妙惟肖的动作塑造个性鲜明的美猴王孙悟空，多见于京剧、昆剧。

美猴王的三种由来

关于猴子最著名的文学形象莫过于美猴王孙悟空。如今广为人知的孙悟空形象，脱胎于《西游记》。小说中，孙悟空在面对死亡和不公的时候绝不妥协，奋力反抗，不惜一棒打出南天门；在取经过程中更是火眼金睛识破妖怪的种种伪装，一路斩妖除魔、奋勇直前，最后取得真经修成正果，去掉头上的紧箍咒，重获真正的自由。孙悟空之所以受人们欢迎，是因为他代表了一种桀骜不驯、神通广大、努力拼搏、敢于反抗和追寻自由的形象。我们在读这个故事的时候，也会不由自主地想，孙悟空这个猴子形象从何而来？

事实上，《西游记》并非吴承恩独创，此书有若干前身，有的已在历史中散佚不存。西游故事的最初源头是玄奘取经。唐太宗年间，僧人玄奘为了解除学佛过程中的困惑，从长安出发，经西域、走丝绸之路古道，到佛教发源地印度求取真经。此去历时19年，行程达数万里，最终带回650多部佛经，其间经历许多朝不保夕的磨难。这样一项壮举，后来在民间以词话、话本、小说、杂剧等形式流传，在流传过程中人们不断地为这个故事添枝加叶。

在玄奘取完经回国后，唐太宗对其游历诸国的经过很感兴趣，遂请他口述西域的见闻，由弟子辩机执笔，写成《大唐西域记》。玄奘去世后，他的弟子慧立又编撰了《大慈恩寺三藏法师传》。这两部作品成了还原玄奘取经经历的直接史料。后来吴承恩的《西游记》，还离不开两部文学作品——两宋时期的说经话本《大唐三藏取经诗话》、元代杨景贤的杂剧《西游记》。

现在发现最早的西游故事是《大唐三藏取经诗话》，其中已经出现自称是“花果山紫云洞八万四千铜头铁额猕猴王”的猴行者，这只猴子法术高强，一路上担当着向导和护法，护送唐僧取经。取经人的形象在甘肃瓜州榆林窟的壁画中得到了印证，那里除了多处描述唐僧取经的画面，还有一个尖嘴猴腮的猴行者（图 9–19）。学者考证认为，这些洞窟开凿于西夏时期，这说明彼时社会上已经流传唐僧与猴子西行取经的故事。至于取经人中为什么有一只猴子，据《大唐西域记》《大慈恩寺三藏法师传》记载，玄奘从瓜州偷渡出境、经莫贺延碛前往西域伊吾国的过程中，得到过当地胡人石槃陀的帮助，后者也是玄奘取经路上收的第一位弟子。有学者认为，这个高鼻深目、毛发浓密、尚未剃度的胡人，很可能就是猴行者、孙悟空的原型，猢狲实为“胡僧”之音误传。

到元代杨景贤的杂剧《西游记》时，取经团队中的猴行者

图 9–19　甘肃瓜州榆林窟壁画中的玄奘取经图，内有一个尖嘴猴腮的猴行者

已成来自花果山紫云罗洞的孙悟空，自称“通天大圣”，家中还有4个兄弟姐妹——骊山老母、巫枝祇圣母、齐天大圣、耍耍三郎。这就引出了孙悟空神猴形象的第二种说法——来自无支祁。

无支祁是中国神话中的一只猿猴形状的水怪，又叫“巫支祁”“支无祁”。一般认为，无支祁的形象，最初见于唐代李肇所著的笔记《唐国史补》，这部笔记记录了唐代开元至长庆之间100多年事迹的重要历史琐闻，其中写道：“楚州有渔人，忽于淮中钓得古铁锁，挽之不绝，以告官。刺史李阳大集人力引之。锁穷，有青猕猴跃出水，复没而逝。后有验《山海经》云：‘水兽好为害，禹锁于军山之下，其名曰无支奇。’”

李公佐《古岳渎经》有更具体的记载，说大禹在桐柏山治水三次，每次都遇到惊雷风浪，进展不畅。后来，大禹才知道是淮涡水神无支祁在背后作乱，此神“形若猿猴，缩鼻高额，青躯白首，金目雪牙。颈伸百尺，力逾九象”。大禹派了庚辰来制服它，无支祁则率领山精妖怪对抗。经过了一番激烈的战斗，无支祁才被制服，最终被庚辰用铁链锁住，镇压在淮水下游的龟山之下。

从《古岳渎经》所写来看，无支祁是一个法力高强的猿猴形象，它率领山精妖怪对抗大禹，与后来《西游记》中孙悟空率领花果山群妖对抗天兵天将，最后被镇压在五行山下的情节有一定的相似度，所以鲁迅等一些学者便认为无支祁是孙悟空的原型之一。

但也有一种说法认为，美猴王的形象来自印度的猴神哈奴曼。哈奴曼出自印度古代史诗《罗摩衍那》，是一只拥有 4 张脸、8 只手的神猴，它神通广大、勇敢机敏，能腾云驾雾。它与罗刹恶魔罗波那大战，解救了阿逾陀国王子罗摩之妻悉多。哈奴曼在印度家喻户晓，人人称颂。有学者认为，随着佛教东传、玄奘取经等文化交流，印度的这只神猴也跟随进入中国。

或许，正是在中国本土的猿猴传说的基础上，融合了印度文化的神猴，再在玄奘取经这个传奇经历的框架中，经文艺人士不断加工和再创造，最终在明朝吴承恩的总结和提炼之下，形成了老幼皆知的神魔小说《西游记》，而孙猴子也从原来先秦文献中并不讨喜的形象，升级成了“齐天大圣美猴王”，成了自由活泼、神通广大、具有反叛精神的英雄代表。《西游记》小说诞生后，经由无数演绎，到了今天，美猴王已成为一个极具中华民族特色的形象。

2015 年 12 月 17 日，西昌卫星发射中心成功发射了暗物质粒子探测卫星，这颗卫星取名“悟空”，这是我国空间科学卫星系列首颗发射上天的卫星。以孙悟空的名字为卫星命名，是把中国的现代空间科学和古代的传统故事结合起来，科学性和历史性并举，严谨性和浪漫性交织，在现代航天技术中凸显了中国的文化特色。

中国的猴子最早可追溯到5500万年前。自那时起，猴子就活跃在这片大地上。我们在新石器时代的遗址中，发现过猴子与人的活动联系在一起的实例；在商代的遗址中，还发现了把猴子当作宠物的证据；而在汉代的画像石上，也多见娱人的猴戏画面。在数千年里，这种与人类亲缘极近的动物，因其乐于模仿、性情浮躁等特点，在先秦的文献记载和传统谚语中，形象一度并不光彩。直至后来在玄奘取经的故事框架中，中国本土的猿猴形象与印度的神猴传说融合，才一举扭转此种形象。

猿猴，最终完成了从兽到人再到神的蜕变。

第十章 报时神鸟

鸡，因为与“吉”同音，所以在中国文化中，代表了吉祥、好运。在庆祝传统节日的餐桌上，鸡肉是必备的菜肴，这就是“无鸡不成宴”，餐桌上有了鸡，才算吉祥圆满。但在计时器尚未发明的古代，鸡更多时候是承担着报时器的功能。

从分类学上讲，家鸡属于鸟纲、鸡形目、雉科、原鸡属。鸡的头部有红色肉冠与肉髯。鸡的喙短小，稍弯曲，顶端坚硬而尖锐，适合采食细碎的饲料。鸡的翅膀不发达，公鸡的羽毛尤其艳丽，这是为了吸引更多异性，增加交配留种的几率，同时也是为了震慑同性。

从性情上而言，家鸡中的母鸡大多胆子小，容易受惊。这是因为它们自保能力弱，警觉性往往也就比较高，一有点风吹草动，就容易惊慌失措、四处扑腾逃窜；公鸡的性情则普遍比母鸡强悍，甚至有些好斗，根据这个特点，中国以及世界各地都曾发展出斗鸡的习俗。母鸡的特点是产蛋量惊人，小鸡大概长到 5 至 8 个月就开始产蛋，年产量从 100 到 300 个不等。

家鸡的起源

家鸡的起源不仅仅是中国学者关注的重点，也是国际动物考古学界的研究热点之一。20 世纪 80 年代，中英两国学者合作在英国出版的《考古科学杂志》(*Journal of Archaeological Science*）上发表论文，指出在中国的磁山遗址（位于河北省武安市磁山村）发现了世界上最早的家鸡，年代为距今 8000 年左右。这一论点得到国际动物考古学界的认可。于是，磁山遗址出土的家鸡被公认为迄今所知世界上最早的家鸡。之后，伊丽莎白 · J. 赖茨（Elizabeth J. Reitz）和伊丽莎白 · S. 温（Elizabeth S. Wing）撰写的欧美动物考古学专著《动物考古学》(*Zooarchaeology*）在列举全世界最早发现的各类驯化动物时，中国磁山遗址出土的家鸡亦作为世界上最早的家鸡登榜。至此，似乎迄今所知最早的家鸡起源于中国华北地区已成定论。

2009 年春，为了配合“南水北调”工程建设，中国科学院大学人文学院考古学与人类学系和河南省文物考古研究院合作，对申明铺遗址（位于河南省南阳市淅川县）进行了抢救性发掘。在该遗址一座属于西汉早期的墓葬内，考古学家发现了多件随葬陶器、青铜器和铁器。其中，在一只青铜鼎内发现了 125 块鸡骨，这些骨头都属于一只完整的母鸡（图 10-1）。完成鉴定研究报告后，负责整理申明铺遗址出土动物遗存的邓惠博士和我，开始搜集和整理目前已公布的国内所有考古遗址出土的鸡的相关材料，我们准备系统地讨论中国家鸡的起源及早期驯化问题。在这个过程中，我们发现最早的家鸡起源于中国华北地区的这一观点需要重新探讨。

从动物分类学的角度而言，凡是可以鉴定到种的动物，其种间的差异主要有两点。第一点是形态差异，在任何两个种之间，必定存在明显而较稳定的形态差异，使得两个种彼此不同。这些差异并非仅限于个别动物，而为全部种群所共有；这些差异也不仅限于外形和毛色，还包括体内的骨骼。第二点是分布范围的差异，每一个种群都有相对独立的地理分布区，但

图 10-1　河南淅川申明铺遗址中发现装有鸡骨的青铜鼎

不同种群的分布区也会有所重叠。我们一直强调在动物考古学研究中，涉及鉴定家养动物时必须采用系列标准进行判断，这实际上就是强调多重证据。而骨骼的形态特征无疑是多重证据中最基础也是最重要的证据。通过把握考古遗址出土的动物骨骼的形态特征，进而判断其是否为家养动物，是最具说服力的途径。

动物考古学研究的一个主要思路是将今论古，即对考古发掘出土的动物遗存的鉴定依据来自与现生动物标本的比对，这是动物考古学研究具备科学性的重要标志之一。结合考古遗址出土的鸟类状况，我们首先对属于鸟纲的多个种属的全身骨骼进行观察和研究。

鉴于考古遗址中发现的雉科动物遗存最多，因此，我们尤其关注现生雉科动物的骨骼，确认它们在形态特征上的差异。我们发现，跗跖骨[①]形态的种间差异十分明显。例如，雉属的环颈雉（俗称“野鸡”）和原鸡属的家鸡都是雉科动物，它们跗跖骨的形态清楚地显示，环颈雉从跗跖骨的腹侧近端到骨干的三分之二处全部有棱，而家鸡则基本无棱（图 10-2）。考古遗址中出土的鸟类骨骼中，跗跖骨比较常见。或许由于跗跖骨的结构特殊，骨壁较厚，而且是皮包骨，附着肉量极少，先民

① 由跗骨和跖骨愈合而成，即我们看到的鸟类外露的“腿”。

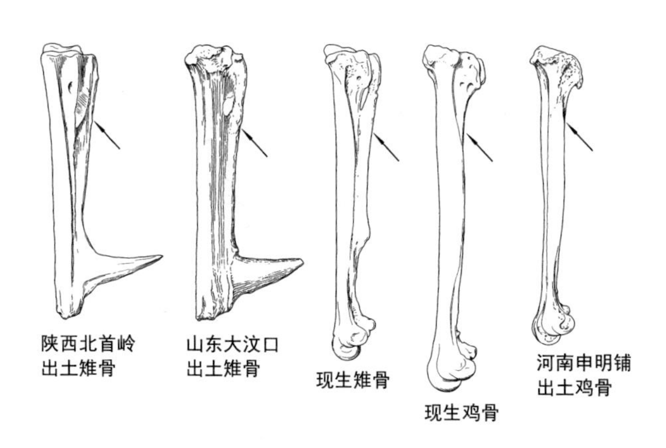

图 10-2　雉科的跗跖骨

大多在烹煮前或简单食用后就将其废弃，因而跗跖骨是鸟类全部骨骼中最容易保存下来的。因此，从跗跖骨的形态入手进行鉴定最为直截了当。

动物考古学的研究认为，家养动物都是从其野生祖先驯化而来，所以在探讨家养动物的起源时，必须考虑其野生祖先的分布范围。目前国际学术界一致认为，家鸡是原鸡属内的驯化物种。原鸡属共有 4 种，即分布于印度尼西亚爪哇的绿领原鸡，分布于中南半岛（西至印度东部和北部，南抵印度尼西亚苏门答腊岛）以及中国南部、西南部的红原鸡（图 10-3），分布于斯里兰卡的黑尾原鸡和分布于印度西部及南部的灰纹原鸡。

现在的主流观点认为，红原鸡是家鸡的祖先，这从其拉丁

图 10-3　红原鸡

文学名便可窥见一二：红原鸡的拉丁文学名为 *gallus gallus*，而家鸡的拉丁文学名为 *gallus gallus domesticus*，在红原鸡的学名后面加上 *domesticus*（家养）一词，强调家鸡是由红原鸡发展而来的。红原鸡被驯化为家鸡后，从中南半岛向全世界扩散，也从中国南部和西南部向北部和东北部扩散。世界上发现较早家鸡的还有巴基斯坦信德省的摩亨佐－达罗（Mohenjo-Daro）遗址，年代为公元前 2500 年左右。

《左传·僖公十九年》载："古者六畜不相为用。"另外，在《周礼·夏官司马·职方氏》中有"其畜宜六扰"，东汉郑玄注曰："六扰，马、牛、羊、豕、犬、鸡。"我们现在说"六畜兴旺"的"六畜"，指的就是这 6 种动物，鸡是其中之一。

我们暂以僖公十九年，即公元前 641 年，作为家鸡已经存在的时间节点，对那些声称存在年代属于这个时间点之前的鸡骨的相关资料进行搜集，然后对它们进行重新探讨和验证。统计后我们发现，报道出土了属于这个时间节点之前的鸡骨的考古遗址有36个。但最终我们认为，这些遗址出土了鸡骨的判断并不科学。这当中，有一些判断是完全没给出任何鉴定依据，仅仅给出“出土的骨头属于家鸡”的简单结论；还有一些判断是根据别的研究者已经在年代更早的遗址中确认存在家鸡（例如有些依据距今约7000多年的陕西省宝鸡市北首岭遗址的陶罐里出土过比较完整的“鸡”骨，便认为那个时候已经有家鸡），而自己所研究的遗址比那个遗址晚，进而推断自己所研究遗址出土的鸡骨也应该是家鸡，这个判断明显缺乏科学的逻辑。

但最主要的问题是一些学者关于“骨头就是鸡骨”这个结论本身就是错误的，例如有些学者认为大汶口墓地（位于山东省泰安市岱岳区大汶口镇和宁阳县磁窑镇，距今约6100—4600年）出土了“鸡”骨，但从他们发表的“鸡”的跗跖骨图来看，那并不是鸡的跗跖骨，而是某种雉的跗跖骨。当我们把分布最为广泛的现代环颈雉（图10-4）、现代家鸡、北首岭遗址和大汶口墓地中出土的雉与申明铺遗址中出土的家鸡的跗跖骨进行比较，可以看到家鸡和雉的跗跖骨在近端至距间的形状有明显区别，即如前面提到的，一个无棱，一个有棱。另外，虽然磁山遗址的报告没有发表所谓的“家鸡”的骨骼图或线图，但河北博物院和邯郸市博物馆陈列了磁山遗址的“家鸡”的跗

图 10-4　现代环颈雉

跖骨，仔细观察会发现这些骨头的近端至距间均有棱，明显属于某种雉，而不是鸡。由此可见，当年磁山遗址出土“鸡”骨的鉴定结论是错误的。

根据迄今为止的研究结果，我们推测至少在距今约 3300 年的安阳殷墟遗址已经存在家鸡，主要有两个依据。第一个是动物解剖学方面的特征。殷墟遗址小屯 1 号墓的灰坑中出土过一块不完整的鸟类头骨，中国科学院古脊椎动物与古人类研究所的鸟类专家侯连海借助细致的解剖学分析，确认这块头骨从形状上看是属于家鸡的。第二个依据是甲骨文上留下的证据，殷墟出土的甲骨文中显示出“鸡”字和“雉”字的写法有明显区别（图 10-5、图 10-6）。当时，“鸡”字和“雉”字都作为名

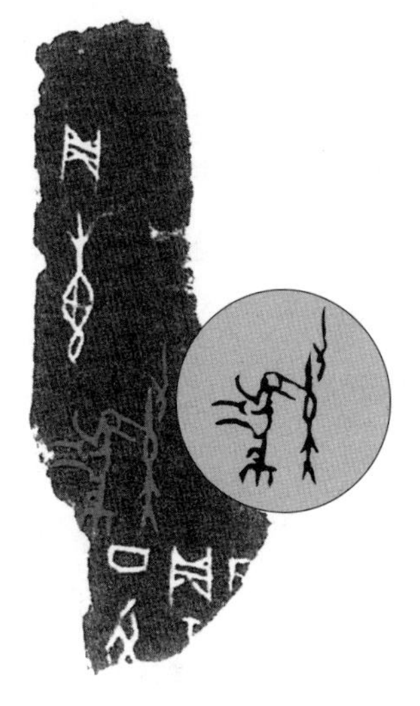

图 10-5　甲骨文版“鸡”字

图 10-6　甲骨文版“雉”字

词使用，“鸡”一般用作牺牲或田猎的地名，而“雉”则表示禽鸟或地名。在殷墟的甲骨文中，作为牺牲的动物一般都是家养动物，这点我们在前面的章节也强调过。因此，殷墟出土的动物遗存，只要跟祭祀和随葬有关，基本都属于家养动物。

我们确认，殷墟遗址出土的家鸡是迄今为止所知的中国最早的家鸡。这个认识虽然比原来磁山遗址已经存在家鸡的观点在时间上晚了 4000 多年，中国失去了发现世界上最早之家鸡的地位，但是，这充分展示了中国动物考古学家在研究中秉承科学精神的严谨态度。

2013年，我在法国国家自然历史博物馆与法国、德国的动物考古学家在谈及形态学方面的研究时肯定地表示，磁山遗址出土的骨头属于雉，而非家鸡。他们都认可这个结果，但也开玩笑说，你这个观点发表后，有一些中国人听了是要不高兴的。但我认为，科学就是科学，并不以高兴不高兴为转移。

2008年，中国社会科学院考古研究所的研究人员在发掘下王岗遗址（位于河南省南阳市淅川县）时，出土了不少动物遗存。在鉴定一个龙山文化时代的灰坑出土的动物遗存时，我们发现了一块鸟类的跗跖骨。从形态学上看，这块骨头属于家鸡无疑，我们又对其进行了古DNA检测，进一步确认其属于家鸡。在位于河南省南部、距今4000年左右的遗址中发现家鸡骨骼，早于地理位置更靠北、距今3300年左右的安阳殷墟遗址，这个发现似乎为证实家鸡由南到北的传播路径填补了时间上和空间上的空白。但是，之后我们对这块家鸡骨骼进行碳14年代测定，结果证实其属于汉代，这表明，“在属于龙山文化的灰坑出土的这块鸡骨”是后来混入的，本身并非龙山文化的遗物，而这个灰坑里发现的东西年代上最晚应属汉代。这样，我们的讨论又回到了原点，即殷墟发现的家鸡究竟是如何传播过来的。而更大的话题，原鸡是如何演变成温顺的家鸡的？至今，这些神秘的问题仍有待未来更多的发掘和研究予以科学的解答。

从文物探索古人何以养鸡

先民养鸡的目的究竟为何？这个问题同样值得我们探究。鉴于考古遗址中发现的鸡跗跖骨始终不多，我们也能够推测，在古人的肉食资源中，鸡肉的贡献应该很小，因此，古人养鸡仅仅是为了食肉这个解释是无法令人信服的。鸡能生蛋，获取鸡蛋或许是古人养鸡的另一个原因。江苏句容的浮山果园土墩墓群中出土过一只属于西周时期的几何印纹陶罐，里面贮藏了一罐鸡蛋（图 10-7），这足以说明鸡蛋是古人重要的营养补充。此外，雄鸡报晓也是人们豢养鸡的一个原因。鸡的脑袋里有一块区域叫松果体，能够分泌褪黑素；松果体对光线特别敏感，只有在黑暗的情况下才可以分泌褪黑素，当有光射进眼睛里，褪黑素的分泌就会受到抑制。而鸟类脑皮层上分泌着大量褪黑

图 10-7　江苏句容浮山果园土墩墓群出土的鸡蛋

素的受体，雄鸡尤甚，因此一旦晨光乍现，褪黑素的分泌受到抑制，公鸡就会不由自主地打鸣，可谓“雄鸡一声天下白”。基于公鸡报时的可靠程度堪比闹钟，能准确告知清晨的到来，这对“日出而作，日落而息”的农耕民族而言极为重要，所以人们养鸡就不足为奇了。

在中国一些属于新石器时代的遗址中，考古学家发现过陶鸡，比较典型的有邓家湾遗址（位于湖北省天门市，距今约5100—4000年）。按照考古学家的描述，这些陶鸡中有雄鸡、雌鸡和小鸡（图10-8）。雄鸡一般个体较肥大，仰首伸颈，有冠、羽和尾；雌鸡个体较小，冠矮或无冠，双翅或无翅；小鸡则头小，身子短而圆，秃尾。实际上，在观察这些以陶土捏成的鸟类制品时，很难把它们与家鸡完全对应起来，所以这些陶制品的原型是否真的是家鸡，这个问题需再进一步探讨。而且，对于动物考古学研究来说，对家鸡的判断应该以考古遗址

图10-8　湖北天门邓家湾遗址出土的陶鸡

出土的家鸡骨骼作为主要依据，外形特征不是那么典型的陶制品只能作为动物考古学研究的旁证。

汉阳陵的外藏坑里出土了大量陶制的家养动物。汉阳陵是西汉时期景帝刘启及其皇后王氏同茔异穴的合葬陵园，那个出土大量陶制家养动物的外藏坑，可能对应的是宫廷中置办膳食的机构。在外藏坑里，近2000只陶制的狗、猪、牛、羊、鸡、马等家畜分门别类地排列在一起（图10-9），场面蔚为壮观，彰显出大汉王朝的皇家气派。

图10-9　陕西汉阳陵出土的陶塑动物群

这些动物中的陶鸡很有特色。公鸡昂首翘尾，眼小喙长，高冠朱红，身上有黑、红、黄三色羽毛（图 10-10）。而母鸡的形体则相对较小，尾巴也较短，头部无高冠，身上羽毛的色彩也较单调（图 10-11）。这些陶鸡还有一个很有意思的现象：从解剖学的角度看，所有雉科动物的跗跖骨上都是雄性的有距，雌性的无距，但当时制作汉阳陵的陶母鸡的陶工显然犯了错误，把有距这一雄性特征也表现在了雌性身上。于是，那些陶母鸡的跗跖骨上也都有了距，这可以说是母鸡身上长出了公鸡的特征。

西窑头村 10 号墓（位于河南省济源市）属于西汉末期，此墓出土了一批褐釉陶子母鸡（图 10-12）。其中有母鸡呈卧

图 10-10　陕西汉阳陵出土的陶公鸡

图 10-11　陕西汉阳陵出土的陶母鸡

状，双目圆睁，颈部直立，双翅张开呈圆弧状，尾部翘起，胸前并排趴着7只仅露出头部的小鸡，形象地表现出母鸡护崽的画面。考古学家们还发现了一批属于东汉时期的子母鸡陶塑（图10–13）——一只母鸡安详地卧在地上，头上有矮冠，眼小喙短，颈部微曲，鸡身用线条刻画出鸡翅与鸡尾，鸡背上趴着一只小鸡，小鸡的头部向后，十分可爱。这些陶鸡的发现，证明汉代养鸡已经很普遍。

磨咀子汉墓群（位于甘肃省武威市）6号墓年代上属于王莽时期至东汉初，这座墓里出土了一件木质文物。在一个呈浅覆斗状的木头底座中间插有一根细圆木棍，木棍上方支撑着一块长方形木板，木板上卧着一只鸡（图10–14）。此鸡的尾部表现得十分夸张，头部和羽毛均用墨线勾勒。《诗经·王风·君子于役》中有“鸡栖于桀”的描述，据中国国家博物馆研究员孙机考证，桀是一种木架，6号墓出土的这件文物所展现的正

图10–12　河南济源西窑头村10号墓出土的子母鸡

图10–13　东汉时期的子母鸡陶塑

图 10-14　甘肃武威磨咀子汉墓群发现的“鸡栖于桀”

是“鸡栖于桀”。

汉代的画像石也有一些表现杀鸡的画面，这应该是养鸡和吃鸡进入富人日常生活的反映。打虎亭汉墓（位于河南省新密市牛店镇打虎亭村）东耳室的画像石上就有这样的庖厨图：左下方有一人正在宰鸡，他的身后一边有关着鸡、鸭的竹笼，一边放着已经被宰杀的禽类。前凉台汉墓（位于山东省诸城市郭家屯镇）中的画像石也有庖厨图，图上有关着鸡的竹笼，还有一人正提着一只鸡在褪毛（图 10-15）。刻画有此类庖厨图的汉代画像石不少，根据其上厨人料理饮食的信息，我们可以大致推断出汉代地主阶级和官僚阶层的饮食结构。

图 10-15 前凉台汉墓出土的画像石上的庖厨图

上一章我们讲到云南出土了大量猴子题材的青铜器，其实，中国的西南地区还出土过不少刻有家鸡形象的青铜器，例如四川广汉三星堆遗址2号坑出土的青铜鸡。这只鸡站在一个方座之上，为公鸡形象，鸡冠的造型独特，尖喙和鸡髯表现得很夸张，双眼圆睁，昂首引颈，尾羽丰满而自然垂下（图10-16）。这是迄今为止所知的年代最早的家鸡形象人工制品。除了三星堆，考古学家还在其他地方发现了不少属于战国至秦汉时期的青铜鸡，它们大多为青铜杖的杖首。例如红土坡石棺墓葬群（位于云南省大理祥云县，属于战国至西汉早期）14号墓出土了一批青铜鸟杖首和鸡杖首。鸡杖首有单鸡的，也有双鸡的。单鸡杖首均为一雄鸡立于鼓形台座（或圆盘形台座、圆柱形銎）上，鸡冠和鸡髯硕大，尖喙突出，翅膀贴于腹部，尾羽分四股翘起，然后呈弧状下垂（图10-17）。

杖首在古代是象征着神权、君权、族权的特殊器物，多雕塑成动物形状。因此，这些单鸡杖首的主人很可能是当地社会的上层人物或巫师；同时，这也反映了西南地区很可能将鸡当作图腾来崇拜——毕竟雄鸡报晓的生物现象，会令先民认为鸡与太阳高度相关，说是太阳的传令者也不为过；文献里也有将鸡与日出、太阳挂钩的说法，例如《太平御览》引《郡国志》称：“台州桃都山，上有大桃树，上有天鸡，日初出桃树，天鸡即鸣，下鸡闻之而鸣。”所以西南地区的先民也有可能把鸡

图 10-16　四川广汉三星堆遗址出土的青铜鸡

图 10-17　云南大理红土坡石棺墓葬群出土的单鸡杖首

视作战胜黑暗、迎接太阳的象征，将之刻在象征着权力的杖端上，反映他们希望借鸡的神力来保佑族群的愿望。

明成化年间烧制的斗彩鸡缸杯（图 10-18）是一件十分有名的饮酒用器。工匠在杯的外壁先用青花细线淡描出纹饰的轮廓线作为釉下彩，上釉入窑经高温烧成胎体，之后再用红、黄、绿和紫等颜色填满预留的青花纹饰，之后二次入窑，以低温焙烧，作为釉上彩。外壁上的图案以牡丹湖石和兰草湖石将画面分成两组，一组绘着一只昂首傲视的雄鸡，雄鸡身后是一只母鸡与一只小鸡，正在啄食一条蜈蚣；另外还有两只小鸡在追逐玩耍。另一组画面是一只雄鸡正引颈啼鸣，一只母鸡与三只小鸡啄食一条蜈蚣。斗彩乃是明清彩瓷中的精品，之所以称为斗彩，是因为工匠在制作过程中将釉上彩和釉下彩结合起来，形成了釉上、釉下彩绘互相争奇斗艳的艺术效果。作为中

图 10-18　明成化年间的斗彩鸡缸杯

国古代的瓷器杰作，这只斗彩鸡缸杯展示了 15 世纪时期中国在瓷器制作方面的独特构思和精湛技术。

知时畜

甲骨文中的“鸡”字主要有两种表现形式：一种是比较形象地画出高冠公鸡的模样，其头、冠、喙、眼、身、翅、尾、足俱全；另一种比较复杂，是个形声字，左边是一个“奚”字，表示“鸡”字与“奚”字读音相似，右边是鸟的形状，表示鸡属于鸟类。金文中的“鸡”字与甲骨文中的类似，也是两类形式，只不过在刻画公鸡模样时特别夸张。小篆的“鸡”字是从甲骨文和金文的形声字发展而来的，已经与现代繁体的“雞”字一致，只是将甲骨文里的“鸟”变成了“隹”，“隹”也是指鸟。之后，这个形象一直沿用到隶书和楷书中（图 10–19）。

《说文解字》对“鸡”字的解释是：“鸡，知时畜也。”即鸡是一种知道时辰的家畜。正是因为鸡是一种知晓时辰的动

甲骨文	金文	小篆	隶书	楷书
	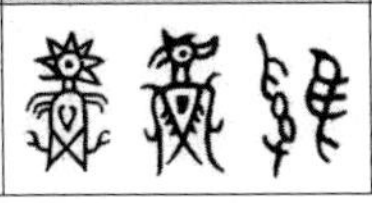	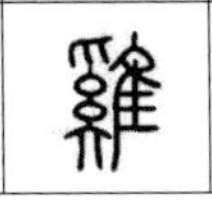	 雞	 雞

图 10–19 “鸡”字的演变

物，所以古人把它们当作时间刻度，鸡鸣而起，鸡栖而息。《诗经》中提到的“鸡”，作用多在于此。例如上文提到的《王风·君子于役》，它的全篇是这样的：“君子于役，不知其期。曷至哉？鸡栖于埘，日之夕矣，羊牛下来。君子于役，如之何勿思！君子于役，不日不月。曷其有佸？鸡栖于桀，日之夕矣，羊牛下括。君子于役，苟无饥渴？”这首诗表达的是妻子日夜思念在外服役的丈夫，当夜幕降临、夜色苍茫之际，她看到鸡牛羊回栏休息，可丈夫却始终归家无期，因而倍觉孤单、寂寞，便唱出了这种强烈而动人的思念。《郑风·女曰鸡鸣》也很典型：“女曰：‘鸡鸣。’士曰：‘昧旦。’‘子兴视夜，明星有烂。’‘将翱将翔，弋凫与雁。’‘弋言加之，与子宜之。’‘宜言饮酒，与子偕老。’‘琴瑟在御，莫不静好。’‘知子之来之，杂佩以赠之！’‘知子之顺之，杂佩以问之！’‘知子之好之，杂佩以报之！’”这是一首新婚夫妇的联句诗，以对话的形式展现了一对新婚夫妇情投意合、欢乐和谐的家庭生活。这些提到“鸡”的诗篇，也多与思念夫君、夫妻和睦、男欢女爱等情事有关。这或许就是因为鸡是一种报时的动物，鸡栖至鸡鸣之间的时间属于小夫妻的私人时间，可以尽情享受房帏乐趣；而鸡鸣至鸡栖之间则要收敛，专心致力于工作谋生。

相比《诗经》借鸡表达爱情，《史记·孟尝君列传》中“半夜鸡叫”的典故则让人惊心动魄。战国时期，齐国的孟尝君被秦国扣留，获释后夜半逃到函谷关。当时秦国规定，每天只有听到鸡叫之后，才能打开函谷关城门供人出入。孟尝君十分担心秦王的追兵赶到，这时，他门下的一位宾客擅长学鸡叫。这位宾客便施展了此等口技，于是，尽管天还没亮，城里的鸡就都跟着叫了起来，守城门的秦兵听到鸡鸣便打开了门，孟尝君一行顺利逃离秦国。利用雄鸡报晓的生物现象，孟尝君逃出了秦国。

《韩诗外传》是汉代学者韩婴所作的一部传记，书中写到田饶对鲁哀公说鸡有“五德”：“首戴冠者，文也；足搏距者，武也；敌在前敢斗者，勇也；得食相告，仁也；守夜不失时，信也。”意思是，鸡头上戴冠，这是有文化；鸡爪上有距，这是有武力；遇到敌人敢斗争，这是有勇气；看到吃的东西互相告知，这是讲仁义；守夜到天明就鸣叫，这是讲信誉。古人认为鸡是“德禽”，应当与鸡具备这五德有关。短短的五句话，解释了公鸡尤其为人熟知的两个特点：报晓、喜斗。尤其是喜斗，用了两句话去描述，鸡爪有距，遇敌敢斗。这就引申出了鸡在人类早期生活中除了作为食物和报时工具外，还参与了人类的文化活动——斗鸡。

斗鸡亡国

据文献记载，春秋时期就已经有斗鸡的风俗。《左传·昭公二十五年》记载：“季、郈之鸡斗，季氏介其鸡，郈氏为之金距。”鲁昭公时期，掌握实权的大贵族、三桓之一的季平子与另一个贵族郈氏斗鸡，双方都武装其斗鸡——季平子给斗鸡的头戴铠甲，郈氏给斗鸡的距裹了一层金属。最后季平子因他的鸡斗输了，恼羞成怒，派兵攻打郈氏，后者找鲁昭公求救。鲁昭公趁机派兵攻打季平子，另外二桓唇亡齿寒，联合起来攻打鲁昭公，导致鲁昭公逃亡齐国、晋国，最终客死异乡。真可谓一场斗鸡引发的血案，但也由此可见，斗鸡乃鲁国贵族热衷的娱乐活动，而且当时的贵族还开始给斗鸡上武装了，这表明斗鸡之风在当时已经盛行好一段时间。齐国也同样盛行斗鸡，《史记·苏秦列传》中苏秦在游说齐国的齐宣王时提到，临淄人非常富裕，大多会弹奏各种乐器，另外，斗鸡、纵狗、下棋、蹋球等消遣也很流行。

经历战国、秦代，到了汉代，斗鸡之风更盛。东晋葛洪描写西汉生活的历史笔记《西京杂记》曾说过，高祖刘邦之父“所好皆屠贩少年，酤酒卖饼，斗鸡蹴鞠，以此为欢……”《汉书·食货志》也说：“世家子弟富人或斗鸡走狗马，弋猎博戏，乱齐民……”属于东汉时期的英庄遗址（位于河南省南阳市卧龙区）出土了一块画像石，其上刻有斗鸡的画面（图 10-20）。画像石的中心位置为一把张开的伞盖，伞盖下放置着樽、盘等物，盘中似乎盛放着赌金；伞盖两边各有一只高脚长尾、作昂首啄斗状的雄鸡；雄鸡身后分别站着鸡的主人，正作挥臂状，似乎在唆使雄鸡互斗；主人背后还各站有持兵器的侍从。

值得注意的是两只斗鸡的形象，它们体型相当，脖颈细长，喙尖而利，两腿粗壮有力，鸡爪细而长，正是典型的斗鸡身材。此外，山东东平、四川成都等多地也发现了刻有斗鸡场面的画像砖石。由此可见，斗鸡在汉代极为流行，甚至已出现在寻常百姓的视野之中。正因如此，有权势者才会在自己的墓室里再现这样的游戏场景，以便死后到了另一个世界也能享受此等乐趣。斗鸡游戏一直延续下来，唐代社会更是上下都热爱斗鸡，以至于成了消极堕落生活的象征，崔颢有诗《渭城少年行》曰："秦川寒食盛繁华，游子春来喜见花。斗鸡下杜尘初合，走马章台日半斜。"

图 10-20　河南南阳英庄遗址里发现的斗鸡图像

以鸡占卜

前面提到，红土坡石棺墓的鸡杖首可能寓意着鸡是西南地区的少数民族的一种自然崇拜。可以确定的是，鸡在少数民族地区的宗教活动中扮演着重要角色，西南及华南地区的少数民族在祭祀中都有用鸡的习俗。《周礼》中就记载了“鸡人”这一官职，即负责饲养鸡以满足不同祭祀需求的官员。在某些祭祀中，鸡可能会用于占卜。这一习俗的可考记录最早可追溯到汉代。《史记 · 孝武本纪》载：“乃令越巫立越祝祠，安台无坛，亦祠天神上帝百鬼，而以鸡卜。上信之，越祠鸡卜始用焉。”汉武帝灭南越后，建立了越式祠庙，安设祭台，不建祭坛，也祭祀天神上帝和百鬼，并用鸡骨占卜吉凶。到了宋代，范成大在记载广西桂林地区风土民俗的《桂海虞衡志》里专门提到用鸡占卜的方法，具体方式包括骨卜、鸣卜和蛋卜等。

20 世纪 60 年代，考古学和民族学学者汪宁生在考察云南西双版纳地区的景颇族时，发现了当地巫师利用鸡蛋占卜吉凶和用投鸡蛋的方式为死者卜选墓地的行为。在云南永德地区聚居的彝族俐侎部落在祭祀活动中也有怀抱公鸡或将鸡血滴于祭台前，再用蘸血鸡毛以及鸡翅毛祭祀的习俗。这些少数民族用鸡祭祀和占卜的习俗，与西南地区出土的青铜鸡杖首似乎存在某种内在联系，具有鲜明的地域性文化特色。

如果我们把目光投向中国以外，会发现鸡的其他用途，譬如雄鸡艳丽的羽毛一度是欧洲贵妇装点衣裳、帽子的奢侈品。而到了现代，作为禽流感的主要宿主，人们每每谈鸡色变，大肆扑杀病鸡。但讽刺的是，防治许多流行性感冒的疫苗（其实就是极微量的病毒，能诱发人体的免疫反应，使之产生抗体）也离不开鸡——在鸡蛋中培养疫苗。利用鸡蛋培养疫苗始于20世纪30年代，到如今，这已成为一门非常成熟的技术，全世界每年能生产超过10亿剂鸡蛋流感疫苗。根据美国疾病控制与预防中心发布的一则信息，在2019至2020年流感季中，美国共提供了近1.75亿剂流感疫苗，其中82%是用鸡蛋生产的。其他黄热病、麻疹、流行性腮腺炎疫苗等，也大多是用鸡蛋培养。

家鸡在商代出现在中原大地，后来逐渐成为中国古人饲养的主要家禽。因母鸡产蛋量惊人，公鸡性情好斗、能报时，鸡成为太阳的象征，继而在中国西南地区青铜时代的精神文化中获得较高的地位。直至今日，生活在云南地区的少数民族仍然有用鸡占卜的习俗。而到了现代，除了传统的提供丰富营养的功能外，鸡蛋更是被广泛应用于培养疫苗、防治疾病，再次为人类的健康作出重大贡献。可以说，在与人类同行的这条道路上，鸡撰写出了全新的篇章。

第十一章 陪你走过一万年

每每说到狗，人们首先想到的往往是它们作为宠物为人类提供的陪伴与支持。事实上，狗也是最先被人类驯养的动物，与马、牛、羊、猪、鸡一起并称“六畜”。先人最初驯养狗是出于好玩与陪伴，在后来漫长的历史中，即使狗发展出了放牧、狩猎、牵引、陪葬、看门、肉食等诸多用途，陪伴的属性也始终未变。到了今天，狗依然是人类宠物中豢养率最高的，“人类挚友”的称号名副其实。

从分类学上讲，狗属于哺乳纲、食肉目、犬科。狗的听觉和嗅觉十分灵敏，尤其是嗅觉，其敏感度远远超过人类，因而常常被训练成警犬，用于通过气味寻找物品，例如缉毒。狗的牙齿锐利，撕咬力惊人，这使得它们很适合被培养成猎犬。狗的舌长而薄，在夏天，经常看到它们张大嘴巴喘气，这是因为它们需要通过以唾液的蒸发来达到散热、降温的目的。

狗一般是前肢5趾，后肢4趾，以趾着地奔跑。狗的尾巴灵活，可以上卷或下垂，会通过尾巴的动作来表现情绪。性格上，狗较为机警，因而被人类驯化为看家护院的首选动物。在繁殖方面，狗一般在春秋两季发情，每次持续3周，妊娠期为60至65天，每年可产2胎，每胎2至8头。狗的寿命一般在12至18年。

狼如何被驯化为狗

20世纪30年代发掘安阳殷墟遗址时，我国古生物学家杨钟健和法国古生物学家德日进（Pierre Teilhard de Chardin）对该遗址出土的动物遗存进行了全面的研究，在其中首次发现了狗骨，由此开启了通过骨骼来研究中国古代家犬驯养状况的动物考古，至今已有80余年。

探讨狗的起源与驯化是国际动物考古学研究的一个重要课题。基因证据显示，世界上不同地区的狗均来自被古人驯化的灰狼。中国动物考古学家证实，距今约10000至9000年的南庄头遗址（位于河北省保定市徐水区）出土了狗骨。之所以认为这些骨头属于狗，主要有三个证据：第一，这些骨头中颌骨的多项测量数据都小于狼，证明骨头主人的形体比狼小；第二，这些骨头中下颌的牙齿排列紧密，而狼的牙齿排列稀疏，两者有明显差别（图11-1）；第三，这些骨头在遗址所有哺乳动物遗存的占比将近两位数，有人工繁殖增加数量的迹象，而

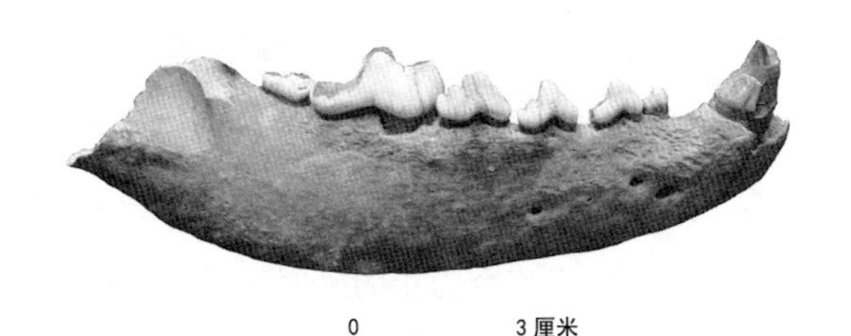

图 11-1　河北保定南庄头遗址出土的狗的右下颌

在野生状态下，狼在哺乳动物群中的占比一般很小。因此，根据这些资料，我们可以确认，至少在距今10000年的华北地区，就已经出现了狗。

从事生命科学的研究人员通过对现代狗进行DNA研究，依据南方地区狗之品种的多样性，以及分子钟计算狗的种群分化时间，推测出狗的驯化起始于15000年前左右的长江以南地区，这个地区很可能是狗唯一的驯化中心。这个观点与动物考古学的研究结果明显相冲突，主要表现在以下三个方面。

第一，动物考古学者发现灰狼化石（属于更新世晚期）的出土遗址主要集中在北方，南方很少发现有狗的祖型的骨骼。第二，目前已在华北地区的南庄头遗址发现了狗的遗存，但是，在大约同年代的南方地区的遗址，例如上山遗址（位于浙江省浦江县）、庙岩洞穴遗址（位于广西壮族自治区桂林市）、甑皮岩遗址（位于广西壮族自治区桂林市）、白莲洞遗址（位于广西壮族自治区柳州市）和牛栏洞遗址（位于广东省英德市）等，虽然都有动物遗存出土，但没发现一块犬科动物的骨骼，这与分子生物学主张的南方地区是狗唯一的驯化中心的论点相冲突。第三，综合迄今为止的研究结果，我们可以推断狗、猪、黄牛、绵羊、马和鸡等“六畜”最早的发现地都位于长江以北，只有鸡（中国发现最早的鸡出土于殷墟）很有可能是以文化交流的方式经中国西南部地区北上的，其他五种家畜的来源都与长江以南地区没有关系。因此，可以说，动物考古学研究得出的结果与分子生物学研究得出的结果差距甚大。分子生物学依据现代狗的 DNA 结果来回溯狗的起源，这是一种间接式研究，而动物考古学研究的骨骼却来自考古遗址，是古人留下的直接证据。相比之下，对考古遗址出土动物遗存的研究结果无疑更具说服力。因此，根据科学发掘、科学研究获取的实物证据，我们肯定中国最早的狗发现于华北地区，至于对现代标本的 DNA 进行研究再追溯其祖代所得出的结果，暂时只能作为参考。

狗的祖先是狼，为什么狼能被驯化为狗呢？我认为，最重要的前提是狼的生理特征和行为方式有被驯化的可能。狼广泛分布于全国各地，其繁殖过程相对简单，雌狼在每年的 1 至 2 月交配，妊娠期大约 60 天，每次产仔 2 至 8 只，幼崽 10 个月左右就能长成成狼，平时会跟随亲狼出行。在行为方式上，它们往往倾向于在水源附近筑巢，视觉、听觉和嗅觉都极佳，善于奔跑，以中小型动物为食，惯于集结成群攻击大型鹿类。以上种种特征，为人类能够驯化以及选择驯化它们奠定了良好的基础。

俄罗斯研究人员对犬科动物中的狐狸进行过长期的驯化实验，展示了一种宠物被驯化的完整过程。他们从 1960 年开始饲养狐狸，发现到了第 2 代，狐狸的行为发生变化——对人类的攻击性反应逐渐消失。到了第 4 代，有些狐狸幼崽学会了摇尾巴，开始主动接近人类，允许人类抚摸和搂抱。到了第 6 代，将一些狐狸幼崽放出笼子后，它们会跟在人类身后并主动舔人。到了第 9 代，狐狸的形态发生变化，原先出生后不久耳朵就会竖起，现在可保持下垂长达 3 个月。毛色也发生了变化，首次出现了花斑色皮毛，前额还有星状图案。到了第 13 代，驯化后的狐狸见到人，尾巴会向上卷起。到了第 15 代，有些狐狸的尾椎变短、变粗，椎骨数量减少。仅仅十几年时间，野生的狐狸就被人类成功地驯化为家养动物。科学家们认为，导致这些变化的是某些特定基因，这些特定基因能够让目标动物倾向于被人类驯化。因此，同理，在人类驯化狗的过程中，似乎也存在着人类主动进行驯化和狼自身为适应人类的生活模式而主动配合驯化的互动。

由此，我们推测，最早可能是狼来到了古人的居住地附近，在古人的生活垃圾中寻找食物，在与人接触的过程中被人捕获幼崽，作为宠物饲养。由于狼易与人亲近的特征，人与被饲养的狼（或说最早的狗）在较短的时间里就建立起亲密关系。在最早把狼驯化为狗之时，人很可能只是觉得好玩，将其作为宠物来对待，这毕竟是当时第一种与人亲近的非人动物，而且其在饲养过程中出现的对人摇尾巴、亲近和舔人等行为都会增加人对它们的好感，希望它们随时跟在自己身边。这种行为源自古人对于友情的认知，也进一步丰富了古人对友情的认知。狗是人类历史上最早出现的家养动物，有了狗，人类在走向文明的路途中就不再孤单了。

纵览新石器时代和青铜时代遗址中狗骨的出土状况，我们可以看到中国的狗自新石器时代早期出现之后，在中期（距今约 10000—7000 年）开始出现数量增多的现象。与新石器时代早期的十余处遗址中仅有一处发现狗骨相比，新石器时代中期的多个考古遗址中均发现了狗骨。其中，居住在不同地区的人类饲养狗的行为还存在一定的差异。比如北方地区的多个遗址均出土过狗骨，贾湖遗址（位于河南省漯河市舞阳县）发现多达十余条狗被完整埋葬于墓地及人类居住点附近（图 11-2）。南方地区属于上山文化和彭头山文化的遗址中尽管出土了动物遗存，但没有发现属于狗的，南方地区的遗址中发现最早的狗的时间晚于北方地区的遗址。上述北方地区和南方地区发现狗

图 11-2　河南舞阳贾湖遗址发现的狗骨

的现象的不同，与北方地区在新石器时代中期的考古学文化发展进程中整体上优于南方地区的状况相符。相比之下，北方地区的古人在开展生存活动、推动文化发展上表现得更积极和更主动，这种趋势在新石器时代中期延续了相当长的时间。

后来，考古学家在200多处新石器时代晚期（距今约7000—5000年）和新石器时代末期（距今约5000—4000年）的遗址中都发现了狗骨。通过对这些动物遗存进行分析，动物考古学者们发现了这两个时期具有以下三个共同点：其一，在出土狗骨的遗址中，狗在全部哺乳动物中的占比为5%至10%，没有发现从新石器时代晚期到末期有数量逐渐增多的趋势；其二，在出土动物遗存的遗址中，狗在数量上并未发现存在南北地区的差异，饲养狗已经成为各个地区的古人日常生活中的普遍行为；其三，全国各个地区的不少遗址都有单独挖坑埋狗的现象，但最集中的地方还是在河南南部，山东、安徽和江苏等中国东部和偏东部的地区。

属于青铜时代的河南偃师二里头、郑州商城、安阳殷墟和丰镐遗址（位于陕西省西安市西南方向的沣河两岸）都出土了狗骨，除少数遗址，狗在全部哺乳动物中所占的比例均在10%左右。可见尽管夏商周时期的技术、经济和社会结构与新石器时代相比发生了显著变化，但在那个时间段里，古人与狗在日常生活中相处的方式与新石器时代晚期和末期相比并没有发生明显改变。

我们对一些遗址出土的狗骨进行了古DNA研究。通过对属于新石器时代末期的陶寺遗址、青海省喇家遗址（距今约4100—3800年），属于青铜时代的偃师商城遗址（距今约3600—3400年）和新疆石人子沟遗址第一期（距今约3300—2800年）出土的狗骨开展线粒体DNA分析，研究结果可以概括为两点。首先，每个遗址出土的狗骨都有占主体的单倍型DNA，即每个遗址中的狗所在的群体具有相近的母系来源。其中，陶寺遗址和偃师商城遗址的狗骨的单倍型DNA的多样性稍高，说明这两个遗址的狗骨的母系来源相对多元，这可能与其属于中心遗址或都城遗址的性质有关，即当时有可能从其他地区向这两个遗址输送狗，把带有不同地区特征的单倍型狗集中到了一处。其次，每个遗址中的主体单倍型 DNA 各不相同，说明各遗址中狗的群体的母系遗传结构具有各自的地域性特征。这一点与这些遗址在地域上相距甚远及时间上的差异较大是密切相关的。

稳定同位素的分析结果表明，在距今 8000 至 7000 年的黄河流域地区，狗的食物既有来自粟作农产品的 C_4 类食物，又包括大量可能来自自然植被的 C_3 类食物；到了距今约 7000 年之后，狗的食物开始以 C_4 类食物为主，粟作农产品逐步成为狗的主要食物来源。狗的这种食物结构的变化与新石器时代至青铜时代古人食物结构的变化轨迹完全同步，因为狗的食物与人的食物高度相关，因此，这足以进一步证明狗与人的关系非常密切。

从生到死，始终跟随

《礼记·少仪》归纳过狗的用途，“一曰守犬，守御宅舍者也；二曰田犬，田猎所用也；三曰食犬，充君子庖厨庶羞用也”，即狗可以看家护院，可以帮助狩猎，可以作为肉食来源。

我认为这个概括还不够全面。古人养狗，最初似乎仅仅是作为宠物来对待的。如前面提到的，犬科动物天生就比较亲近人类，它们经常会到人类的居住地寻觅食物，这为古人观察它们创造了机会。放眼全世界，最早被驯化的动物都是狗。狗从狼驯化而来，可见狼的幼崽是比较容易为古人所获得的。我觉得在开始驯化时，古人不太可能让正在驯化中的狼（或说最早的狗）担负起看护家园或狩猎动物的责任，那只狼（或说最早的狗）连是否听你的话都在两可之间，如果一开始就强行改变它的生活习惯，这个驯化对象肯定会转身逃之夭夭，过它自由自在的日子去了，驯化只能落得失败的结局。古人在驯化狼之初，应该是先把它当作宠物，在喂食和玩耍中建立亲密关系，这是驯化狼的必由之路。狗最开始是被驯化为宠物的，这应该没有任何疑问。

狗对陌生人和陌生动物与生俱来的警觉使它们成为看护家园的重要角色。推而广之，古人还将狗作为军队中的警卫犬。考古发掘证实，在陕西、河南、河北、山东地区发现的数十处属于青铜时代的车马坑中都发现了狗骨，而且不少狗的颈部还有系铜铃的痕迹。这些现象似乎显示，在青铜时代的战争中存在着车马狗的组合，这也印证了“效犬马之劳”这句俗语并非空穴来风。《国语·晋语》记载：“是行也，以藩为军，攀辇即利而舍，候遮扞卫不行……”三国时期东吴史学家韦昭对“候遮扞卫”的解释是：“候，候望。遮，遮罔也。昼则候遮，夜则扞卫。扞卫，谓罗阓、狗附也。……又二十人为曹辈，去垒三百步，畜犬其中，或视前后，或视左右，谓之狗附。皆昏而设，明而罢。”春秋时期的晋军在扎营时设了“狗附”，也就是犬营，来负责晚上的巡逻防卫，这说明狗在当时的军营警备中发挥了重要作用。

狗的视觉、听觉、嗅觉远胜人类，且极具攻击性。这些特征可以协助古人进行狩猎，包括为主人搜索、追踪、围捕、抓咬以及看守被主人射中的猎物。由此，有部分狗还发展出了牧犬的功能，帮助主人放牧羊群。

除了将狗作为警卫犬、猎犬和牧犬，古人在特定时期和特定地区的丧葬活动中也会用到狗。上面提到在新石器时代，人们就已经单独挖坑埋葬狗，进行与原始宗教相关的活动。在另一些属于青铜时代的墓葬中也普遍存在挖腰坑随葬狗的实例，例如在前掌大遗址及这个遗址的墓地中，动物考古学家发现狗的数量在全部哺乳动物中的占比与别处相比存在明显的反差。在遗址范围内，商周时期出土的狗骨，其在全部哺乳动物中的占比不到 10%，这证明这些狗是被古人食用后废弃的，我们可以推断出古人曾食用狗肉，以及狗肉在整个肉食资源中的比例。而在墓葬区的腰坑中出土的狗，在全部随葬哺乳动物中的占比达到了 50%。可见当时的人在日常生活中使用狗的状况与我们在新石器时代晚期和末期的遗址中发现狗的数量是一致的，即古人在日常生活中食用狗的情况较少，他们没有刻意去繁殖狗来作为肉食资源，而墓葬中随葬的狗的数量多，应该与当时在墓葬中用狗殉葬的风俗有关。为什么用犬殉葬，大概是延续其生前警卫犬的功能，希望它死后继续保卫主人吧。

在腰坑中以狗随葬的特征在安阳殷墟的墓地中表现得最为典型。从总体上看，在墓穴的腰坑中随葬狗的现象主要存在于商人或商文化圈，即主要分布在中国东部地区的河南、山东一带。后来，随着商朝灭亡，部分遗民被周人西迁到陕西和甘肃东部一带，腰坑中随葬狗的习俗也跟着在那一带出现。考古发掘证实，这些地区在属于西周、东周时期的墓葬中都发现有殉狗的现象，而且从人工遗物来看，这些墓葬都属于早期秦文化。埋葬习俗是考古学上一个重要的文化特征，既然这些墓葬属于早期秦文化，那就引发了一个秦人的来源问题，即秦人的祖先从何而来。学界关于秦人祖先的讨论先有秦为西戎，即“秦出自西方”说，后来又有“来自东方”说，但两者的证据都不够翔实。因为在陕西和甘肃东部地区的墓葬中，在相当长的时间里都没发现在腰坑中随葬狗的现象，这种腰坑殉狗的现象自西周开始出现，延续到春秋战国时期，正好与商代的灭亡和殷人的西迁相关。《清华大学藏战国竹简（二）· 系年》提到：“飞廉东逃于商盍氏。成王伐商盍，杀飞廉，西迁商盍之民于邾虘，以御奴虘之戎，是秦先人。”飞廉参与的三监之乱被周公率军平定后，飞廉向东逃到商盍氏的地盘，周公攻打商盍氏，杀了飞廉，把商盍氏的人西迁到位于甘肃东部的邾，让其抵御戎，商盍氏就是秦人的祖先。动物考古学家确实在甘肃东部自西周以来的墓葬中发现了以狗随葬的现象，这与《清华大学藏战国竹简（二）· 系年》提到的秦人东来的记载是能够互相印证的。

我认为狗作为宠物犬、猎犬、牧犬、警卫犬和祭祀用犬的功能是可以重叠的。除了特殊的祭祀、随葬用犬，我们在考古遗址中发现的狗骨基本上都是破碎的，证明这些狗在当时被人食用过，狗即便是作为宠物犬、猎犬、警卫犬，最终也没有摆脱被当作肉食的命运。但是，任何一个遗址出土的狗的数量在哺乳动物群中的比例几乎都没有超过 10%，一只狗的肉量一般不会超过 10 千克。狗的数量不多，肉量也不多，可见狗肉在古人所食肉量中占比不会太大，我们在动物考古研究中没有发现古人注重吃狗肉的证据。但是，依据文献记载，某些特定区域还是存在食狗的习俗的。《史记 · 刺客列传》中记载了战国初期侠客聂政躲避仇敌来到齐国，“客游以为狗屠”，就是干杀狗的营生；《史记 · 樊郦滕灌列传》则记载了汉高祖刘邦手下的将军樊哙在跟随刘邦出征之前就“以屠狗为事”等。这两句话反映了聂政和樊哙在正式亮相于历史舞台之前的所在地有专门饲养狗以供屠宰食肉之用。我们期待着在今后的考古发掘和动物考古学研究中获得这方面的证据。

综上所述，随着定居生活的开始，农耕文明的推进，国家和城市的出现，古人饲养狗的动机大致经历了从作为宠物犬开始，到作为猎犬、牧犬及警卫犬的过程。而作为祭祀和随葬活动中的狗仅仅是特定时期和局部地区的现象。除祭祀和随葬的狗，其他狗最后往往是作为肉食被吃掉的，各地遗址中出土的破碎骨骼即可证明这一点。但是，狗的数量少，肉量也少，相对于其他五畜，狗作为肉食的价值基本上没有受到古人的重视，古人仅在特定的时期和局部地区才有意识地去养殖狗，将其作为一种比较重要的肉食种类。在人与狗相处的整个过程中，狗一直具备作为宠物的特征。

文物中的犬

狗是人类最早饲养的动物，古人不仅在生活中长期与狗相伴，也经常将它们体现在陶塑、画像石和绘画等艺术作品中。

以犬殉葬的习俗在商代最为鼎盛，到了秦汉时期，人们的丧葬观念发生变化，以犬随葬的习俗虽然仍然延续了下来，但在具体操作时已不再大量使用活犬，而是用陶犬来代替。因此，两汉时期的墓葬中出土了陶犬。

西汉景帝的汉阳陵出土了大量动物造型的陶俑，其中仅陶犬就有 400 多件，大部分都是泥质灰陶。其中有一件彩绘陶犬颇为典型，这只犬头颈部粗短；两耳竖起，双目外鼓，嘴巴闭合；身躯肥硕，四肢粗壮，作站立状；尾巴上卷，紧贴着左臀部（图 11-3）。犬的表面装饰有银灰色彩绘，整体给人一种凛然不可侵犯之姿。

东汉时期的绿釉狗也颇有意思，这是典型的宠物狗形象。它通体施绿釉，但现在已部分剥落。狗的头身比例有些不协调，头比较大，尽显可爱之态。狗头微微昂起，双耳向前耷拉，圆眼望着前方，张口露齿，似作叫唤状，尾巴向上卷起。狗的脖颈与前身还栓有颈圈，项圈上有孔，可穿绳以牵引，项圈的式样跟今天所用的狗圈并无太大不同（图 11-4）。河南南阳汉墓出土的左卧姿红釉陶狗也属于东汉时期，这只狗通体呈浅酱红色，制作材料应为泥质红陶。狗的头部昂起，双耳向上直立，眼睛鼓起凸出；长嘴前伸，张口露齿，似在狂吠；脖颈粗壮颀

图 11-3　陕西汉阳陵出土的彩绘陶犬

长，身体呈左卧姿，四肢匍匐在地，短尾（图 11-5）。整体看，这只狗传神地展现了警惕陌生人事的姿态，似乎是在忠实地履行看家护院之责。

图 11-4　东汉时期的绿釉狗

图 11-5　东汉时期的红釉陶狗

汉代的田猎之风甚炽。汉武帝建立大一统帝国之后，整个社会生机勃勃，呈现出积极进取的精神面貌。加上局势安定下来，社会经济得到恢复，王公贵族的家底也丰厚起来。于是，打猎就成了一项流行的消遣活动，例如上林苑就是汉武帝时期在一个秦宫旧苑的基础上专门扩建，以作游玩、打猎之用的大型皇家园林。汉代墓葬里出土的陶狗中有不少是猎犬造型，就是这种风气的反映。例如东汉时期的一只陶狗，为泥质灰陶，头部纤长，双耳竖起，眼睛圆睁，嘴巴闭合、前伸，身躯修长，肌肉健壮，尾巴上扬，四肢前后交错，似在疾步行走，寻找猎物，整体呈现出精瘦干练、机警善跑的特点，是比较典型的猎犬形象（图 11-6）。

狗大量参与到打猎活动中的场景，在汉代的画像石、画像砖上也多有体现。河南省南阳市王庄汉墓出土了一块画像

图 11-6　东汉时期的陶制猎犬

石，上面刻画了三只狗在主人的号令下配合围捕一只兔子的场景（图 11-7）。左边是一只前足抓地、扭头回身的狗，其嘴巴大张，正挡住右边兔子的去路；兔子四腿腾空，双耳高高竖起，作惊慌逃窜状；兔子右边还有两只狗，都前肢跃起、后肢撒开，显示其正紧追不舍；这两只狗后边还有一个向前挥臂的人，似乎在指挥狗抓住兔子。图上的三只狗都身形矫健，奋勇争先，正是典型的猎犬模样。

出自长冢店汉画像石墓（位于河南省邓州市）一块画像石上的图像展示了狗的另一种用途。这是一幅牵獒门吏图（图 11-8），门吏两只手抓住戴在狗脖子上的颈环，狗的双耳竖起，正蹲坐在地，瞋目张嘴，注视着前方，显示出狗正在看家护院的状态。

甘肃敦煌莫高窟第 85 窟的壁画是与屠宰相关的题材（图 11-9）。画面显示的是一个肉坊，坊内木架上堆满了待售的肉，桌子上下也摆满了肉。门前设有两张肉案，一张放着一只已经

图 11-7　河南南阳王庄汉墓出土的画像石上的田猎图

图 11-8　河南邓州长冢店汉画像石墓发现的牵獒门吏图

图 11-9　甘肃敦煌莫高窟第 85 窟中的屠宰画面

宰好的整羊，另一张放着肉块，屠夫正在持刀割肉，他的眼睛盯着画面的右下方。原来，那里卧着一只大黑狗，此刻正翘首望向屠夫，似在观察他手中的肉，或许是希望主人赏它点肉吃？屠夫操作台下还匍匐着另一只狗，正在专心啃食主人扔下来的肉骨头。

如果说前面的狗作为宠物用途的说法尚属推断，那么唐人周昉的《簪花仕女图》则确凿地展示了狗作为宠物的具体画面（图 11-10）。在这幅写实风格的画像中，一名体态丰腴的唐

图 11-10　唐代周昉绘制的《簪花仕女图》（局部）

朝贵妇正用玩具逗弄着脚边一只小巧玲珑的狗，这只小狗体型矮小，四肢很短，尾巴和头颅一般大，毛发蓬松，正作张嘴哈气、摇头摆尾状。

明代的《猫犬图轴》上刻画了一猫一狗两只宠物在树下花间追逐玩耍的场景（图 11-11）。宠物狗四肢伏地，头部抬起，眼睛圆睁，舌头伸出，摆出一副调皮灵动的样子。它全身大部分的毛发皆雪白，只有尾巴和眼侧是黑毛。跟它对视的宠物猫是黑白又带棕黄的花色，皮毛蓬松，体型几乎与宠物狗一般大。

清代嘉庆年间制作的一只陶狗，通体施紫红窑变釉（图 11-12）。头圆颈短，眼睛微凸，双耳耷拉，张嘴露齿，颈下系有一个大铃铛；身躯浑圆，四肢粗短，脚趾张开，尾巴上卷。同样出自清代的玉狗，玉料浅白而青绿，色泽温润，雕成蹲坐

图 11-11　明代佚名《猫犬图轴》

图 11-12　清代嘉庆年间制作的窑变釉狗

的造型（图 11-13）。它的长耳耷拉，嘴巴前突，前腿直立，后腿蹲坐，腿部肌肉纤瘦有力。腹部两侧细致地勾勒出肋骨，背脊和腮部也刻画出了毛发的形状。

清代画家的《猎犬图册》刻画了一黑一白两条身体纤长有力的猎犬，正在与一头老虎缠斗（图 11-14）。白犬在老虎面前昂首狂吠，似在挑衅老虎；黑犬则咬住虎尾，阻止老虎逃跑；老虎尽管张嘴咆哮，但似乎一时之间也无可奈何。面对身体远大于己、气势汹汹的老虎，这两条猎犬丝毫没有露出怯懦退缩的神色。

《十骏犬图》出自乾隆皇帝的宫廷画家艾启蒙（Ignatius Sichelbart）之手。艾启蒙乃天主教耶稣会传教士，乾隆十年（1745 年）来到中国。在这套图册中，他以西方的素描技法，

图 11-13　清代的青玉狗

图 11-14　清代《猎犬图册》中的狗

运用解剖学知识，一丝不苟地刻画出猎犬的健美体态和皮毛质感，展现出极强的写实性（图 11-15）。《清宫兽谱》表现的也是猎犬，从背景和猎犬本身而言，其与《十骏犬图》的相似之处颇多，差别主要在于《十骏犬图》中的猎犬前肢微微下蹲，似在发力，准备扑出，而《清宫兽谱》中的猎犬则在警惕地观察周围（图 11-16）。

在以上列举的种种艺术品中，我们不难看出，狗至少有三种不同的形象，代表了三种不同的用途。第一种身躯肥硕，四肢粗壮，可能是看家护院的狗。自西汉到清代，前后历时近 2000 年，但这类狗仍保持着大致相同的体形。第二种躯体匀称有力，四肢细长，这是典型的猎犬，自东汉到清代都有这类

图 11-15　清代《十骏犬图》中的狗

图 11-16 《清宫兽谱》中的狗

形象传世。第三种体型矮小，四肢很短，是典型的宠物狗。至少从唐代开始，就有这种宠物狗了。这三种体型的狗虽然历经千百年的悠悠岁月，却一直为古人所钟爱。

犬戎，改变历史走向

狗也被称为“犬”，在古代的汉字里，“犬”字要比“狗”字更早出现。商代的甲骨文中就已经出现“犬”字，而“狗”字最早是见于商周时期的青铜器铭文。两者虽然都指狗这种动物，但稍有区别。关于这种区别，历年来都有争论，主要有两种说法。其一，犬是所有狗的统称，而狗则是表示小狗的专有名词。清代徐灏在《说文解字注笺》中说“犬为凡犬、猎犬之通名，小者谓之狗”，即是此意。而另外一种说法是，犬和狗在生理特征上略有不同，犬有20个脚趾，而狗只有18个，犬比狗多了2个从狼那里退化下来的“狼爪”，古人谓之“悬蹄”，即不着地的脚趾，因而犬比狗更凶猛，更有狼性。东汉许慎在《说文解字》中说“犬，狗之有县（悬）蹄者也”即是此意。

但不管古人如何认为，到了后来，“狗”字后来居上，表示的范围扩大，成了所有狗的统称，“犬”字反而退化，很少单独使用。在日常使用中，两者的词性也发生变化，“狗”偏口语化，更具贬义色彩，而“犬”偏书面语，更有褒义色彩：提到“犬”字，多与其他形容词搭配，例如“忠犬”“义犬”；而狗除了表示这种动物，还经常出现在骂人的语境里，例如“狗急跳墙”“狗腿子”“狗咬吕洞宾”等。

甲骨文中的“犬”字直接画出狗的形象，有些表现为嘴巴张开，四肢直立，尾巴长而翘起。金文中的“犬”字延续了这种特点。自小篆开始，“犬”字已具备现代“犬”字的形状，到了隶书阶段，就彻底变成了如今常用的“犬”字（图11–17）。“狗”字最早见于金文，也是一只狗的形状；到小篆时，已出现后来“狗”字的雏形，隶书阶段的“狗”字就是在小篆的基础上形成的，与后世所用的已经完全一致（图11–18）。

除了狗和犬，古人对狗的称谓还有许多，例如猧子、犴、

甲骨文	金文	小篆	隶书	楷书
			犬	犬

图 11-17 “犬”字的演变

金文	小篆	隶书	楷书
		狗	狗

图 11-18 “狗”字的演变

獳、狑、地厌、地羊、黄耳、豻䝙，以及我们比较熟悉的獒。獒多指体型庞大、性情凶猛、攻击力强的犬只，《尔雅·释兽》曰：“狗四尺为獒。”在历史上，獒通常被当作珍贵的名犬进贡给君王。《尚书·周书·旅獒》记载道：“惟克商，遂通道于九夷、八蛮。西旅厎贡厥獒，太保乃作《旅獒》，用训于王。”大意是，周武王灭商建周，天下已定，于是打通了通往九夷八蛮的道路，随后便有西戎旅国向周王进贡他们珍贵的獒。太保召公乃作此篇，陈贡獒之义，向王作训谏。

狗作为人类最早驯养的动物，文献中关于它的记载自然不少。《诗经》应是较早记载了狗的文学作品。《小雅·巧言》写道：“跃跃毚兔，遇犬获之。”意思是说狡兔虽然善于奔跑，遇到猎犬就会被抓住。这其实是在讽谏周天子若听信谗言，就会祸国殃民。前一章讲述的“半夜鸡叫”其实还有前奏，这就是“狗盗”，两个典故合称“鸡鸣狗盗”。《史记·孟尝君列传》记载：“囚孟尝君，谋欲杀之。孟尝君使人抵昭王幸姬求解。幸姬曰：‘妾愿得君狐白裘。’此时孟尝君有一狐白裘，直千金，天下无双，入秦献之昭王，更无他裘。孟尝君患之，遍问客，莫能对。最下坐有能为狗盗者，曰：‘臣能得狐白裘。’乃夜为狗，以入秦宫臧中，取所献狐白裘至，以献秦王幸姬。幸姬为言昭王，昭王释孟尝君。”话说秦昭王把孟尝君囚禁起来，还想杀了他。孟尝君转向昭王的宠姬求救，后者表示想要孟尝君珍藏的一件价值千金的狐白裘。但这件狐白裘已经献给昭王了，孟尝君感到很为难。门客们束手无策，最后有一位能像狗一样偷东西的不起眼门客说他有办法。于是，到了夜晚，他就像狗一样潜入秦宫仓库，把那件狐白裘偷了出来，让孟尝君献给宠姬。有宠姬的求情，孟尝君这才得以脱身。在此之后，就是“半夜鸡叫”的故事了。“鸡鸣狗盗”即指微不足道的本领，也指偷偷摸摸的行为。在孟尝君危难之际，正是那些本领微不足道，专做偷摸行为的人最后救了他的性命。

狗作为第一种被人类驯养的动物，在人类早期的打猎、游牧生活中发挥着重要作用，因而也成为一些少数民族的部落图腾，其中最著名的应属犬戎。《史记·秦本纪》载：“周幽王用褒姒废太子，立褒姒子为适，数欺诸侯，诸侯叛之。西戎犬戎与申侯伐周，杀幽王郦山下。而秦襄公将兵救周，战甚力，有功。周避犬戎难，东徙雒邑，襄公以兵送周平王。平王封襄公为诸侯，赐之岐以西之地。曰：'戎无道，侵夺我岐、丰之地，秦能攻逐戎，即有其地。'与誓，封爵之。襄公于是始国……"这段史料说到周幽王废嫡立庶，导致申侯联合犬戎攻陷镐京，最后幽王身死，西周灭亡，继而平王东迁，秦国发迹。在这个故事里，犬戎终结了西周，改变了中国历史的走向。而据反映远古部落文化的《山海经》，犬戎应是一个崇拜犬的部落。《海内北经》记载："犬封国曰犬戎国，状如犬。"《大荒北经》又曰："有人名曰犬戎。黄帝生苗龙，苗龙生融吾，融吾生弄明，弄明生白犬，白犬有牝牡，是为犬戎，肉食。""有犬戎国。有（神）人，人面兽身，名曰犬戎。"这三段表述都提到了犬戎国的信息，说犬封国就是犬戎国，犬戎国的人"状如犬"，他们的神灵则"人面兽身"。犬戎国以犬命名，其族人穿戴兽皮，神灵则是人面犬身，这些信息反映出犬戎国是崇拜犬的。作为农牧并重的民族，犬与游牧、狩猎高度相关，因此犬戎国崇拜犬也是自然而然的事。鉴于犬由狼驯化而来，在遥远的部落时代，犬和狼之间的区别并不大，因此，所谓犬戎国崇拜犬，或许也可以理解为崇拜狼。这种推断也有相关的文物可以支撑，例如马家塬战国墓地（位于甘肃省天水市张家川）出土了许多带有动物造型的饰片，其中尤以大角羊、虎和狼的造型最突出（图 11-19）。复旦大学文物与博物馆学系教授王辉通过对墓葬出土的铜器和陶器的分析，认为这块墓地的主人可能是一支西戎部落的首领及贵族，年代上大致属于战国晚期至秦初。这与《史记》里反映的犬戎活动的范围大致重叠，马家塬墓地的主人或许就是攻杀周幽王的犬戎的后代。

因狗在狩猎过程中的重要作用，以狗为图腾的民族多半是北方的最初与狩猎相关的民族。随着时间的推移，这些民族的图腾崇拜意识或许会渐渐淡薄，但会转而通过某些民俗禁忌反映出来。满族、蒙古族、鄂伦春族、鄂温克族、锡伯族、达斡尔族等狩猎民族都有关于狗的禁忌，例如不允许打狗、杀狗、吃狗肉，也不能把狗当成货物买卖。

图 11-19　甘肃天水马家塬战国墓地出土的狼造型的饰片

狗是起源于中国本土的家畜，至少在10000年以前，我国华北地区就出现了狗。古人最初将狼驯化成狗，可能仅是视之为宠物，后来，狗因其性情机警、擅长奔跑而成为人们打猎放牧的好帮手，之后又在战争中为人们提供防卫和示警。在日常生活里，狗能看家护院，又可以提供陪伴价值，在部分地区还会被人们端上餐桌成为美食，最后更作为殉葬犬陪伴着主人前往另一个世界。出生入死，狗陪伴着中国人走过了上万年的漫长岁月，是我们最名副其实的忠实伴侣。

第十二章 肉食江湖的王者

猪，在十二生肖里排在最末位，日本一般指野猪，而在中国却指家猪。

从分类学上讲，家猪属于哺乳纲、偶蹄目、猪科、猪属。它们身躯肥胖，四肢短小，鼻面短凹或平直，大耳可直立可下垂，体毛较粗，多为黑、白、酱红或黑白花等色。家猪的繁殖能力很强，长到 5 至 12 个月就可以交配，母猪的妊娠期大约为 114 天，每胎可产仔 4 至 10 头，处在繁殖旺盛期的母猪每年可以生产 2 胎。

家猪是杂食动物，性情温驯，适应能力强，是中国人最主要的肉食来源。

人类文明的动力源

家猪的祖先是野猪，后者的拉丁文学名是 *sus scrofa*，家猪的拉丁文学名为 *sus scrofa domestica*，即野猪的学名后加上

domesticus（家养）一词，由此可见，家猪是从野猪驯化而来的。

国际动物考古学研究的一个重要内容就是探讨多种野生动物是如何被驯化为家养动物的。黄牛、绵羊、山羊、马和鸡都是被驯化成家养动物后才引入中国，相比之下，中国的动物考古学家更关注猪的驯化过程，因为这种动物就是在中国本土驯化的。

20 世纪 30 年代，我国古生物学家杨钟健和法国古生物学家德日进在研究安阳殷墟遗址出土的动物遗存时，发现其中的猪头骨顶部隆起，这与当时的野猪表征很不一样，他们认为这已经属于家猪，并将其命名为“肿面猪”。肿面猪是当时发现的中国最早的家猪，在之后的几十年里，动物考古学家对家猪的认识不断深化。到今天为止，根据最新的研究成果，我们可以确认，距今约 9000 年的贾湖遗址出土的猪骨已经是家猪（图 12-1）。

支撑上述结论的理由有 7 个。第一，贾湖遗址出土的猪骸骨，下颌存在齿列扭曲不齐的现象，这是因为，被驯养的野猪不需要再掘地拱食和攻击其他野兽，因此头部逐渐变小，牙槽缩短，但牙齿没那么快缩小，牙槽无法容纳全部牙齿整齐萌出，导致出现乱齿。第二，贾湖遗址出土的猪骸骨，臼齿上线性牙釉质发育不全的标本所占比例较高，这是野猪在被人控制、豢养后，长期的营养不良和心理紧张造成的。第三，贾湖

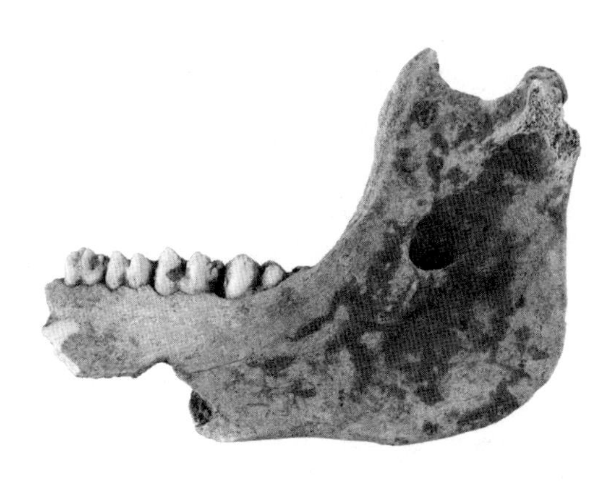

图 12-1　河南舞阳贾湖遗址出土的家猪骨

遗址出土的猪骸骨，牙齿的几何形态更接近家猪，与野猪的差距很大。第四，肉量最丰富、肉质最佳的 2 岁以下的个体在猪的总数中占比为 81%，死亡年龄结构十分年轻，不同于野猪种群中死亡年龄多在壮年阶段和老年阶段的模式。第五，贾湖遗址的猪，其个体数量在全部哺乳动物中的占比达 25% 以上，远远超过自然状态下野猪种群在全部哺乳动物中的占比（一般不超过 10%），这表明前者是人工干预的结果。第六，在墓葬中随葬猪下颌，表明人类与猪的关系密切，这种行为后来成为史前时代持续数千年的随葬习俗。第七，从食性分析的结果来看，那个时候的猪的食物结构与古人的十分相似，这应该与人类用自己的残羹剩饭喂猪有关。

迄今为止，国际上发现的世界最早的家猪出现在距今 9000

年左右的土耳其东南部的查耀努等多个遗址。我们确认贾湖遗址已经出现家猪，而贾湖遗址的年代与查耀努等遗址的年代大致相同。这些遗址发现的家猪都是目前所知的世界最早的家猪，因此，家猪是在世界范围内的多个地区独立驯化的。

贾湖遗址出土的猪已经具有较为明显的家猪特征，可见它们已经被驯化一段时间了。如果是刚刚才从野猪驯化而来，那么它们虽然受人控制，被人喂养，但在形态上应该仍然保持野猪的模样，仅仅在行为上与家猪相似。因为缺乏年代早于距今9000年的相关考古遗址出土的资料，我们目前仍然无法确认控制野猪、饲养家猪起源于何时何地。希望未来的考古发掘会有更多这方面的进展，我们的研究也才能随之跟进。新的资料必然会带来新的发现，这正是考古学充满魅力的原因之一。

尽管目前还无法知道饲养家猪起源于何时何地，但探讨家猪如何起源却是一项切实可行的研究。成年的野猪绝大多数身躯健壮、性格暴躁，其在受到攻击时防卫异常凶猛，人类要将它们驯服绝非易事，因此我们推断，驯化野猪应该是从野猪崽开始的，而且人类刚刚开始驯化它们可能只是为了玩耍。野猪喜欢在灌木丛或低矮的湿地栖息建巢穴，它们易受古人的生活垃圾吸引，巢穴往往与人的聚落相距不远。人类学的资料证实，野猪崽出生后要在窝中停留几个星期，母猪往往会在拂晓或黄昏时外出寻找食物，野猪崽就被单独留在窝里。一旦人们发现猪窝，便能比较容易地捕获野猪崽。我们推测，可能由于古人在某些时候捕获的猎物颇多，吃喝不愁，于是就把抓获的野猪幼崽当作玩耍的对象饲养起来。

猪的生长速度快，半岁到一岁就能长到70千克以上，其料肉比（即将饲料转化为肉量）也远比牛、羊等其他家畜高。且猪是杂食动物，食性广，能忍耐粗糙的喂养，因而方便人类处理自己的食物残余，与人们的定居生活相适应。另外，猪的繁殖力强，每年产仔1至2胎，每胎通常有4至10头幼崽。这些特点都是野猪能被古人选中，作为家养动物驯养的有利条件。古人把野猪驯化为家猪是建立在对猪的生态特征、生活习性逐渐了解的基础之上的。我想古人在开始饲养家猪时可能遭遇过多次失败，但人与其他动物的一个主要区别是会深度思考，有记忆，能传承知识。饲养家猪的行为经过古人一代又一代的传承之后，终于形成古人主动喂养野猪幼崽，将它们养大后宰杀吃肉，同时也让一些体格健壮的公猪和母猪交配，以生产小猪，再将下一代小猪养大的过程。如此这般，不断反复，古人的喂养经验逐渐丰富，喂养技术也不断进步。研究证实，在喂养的过程中，猪的体型也在持续发生变化，头部的比例逐渐变小，含肉量较多的身躯部分逐渐变大、变壮，越来越符合人获取肉食的需要（图12-2）。

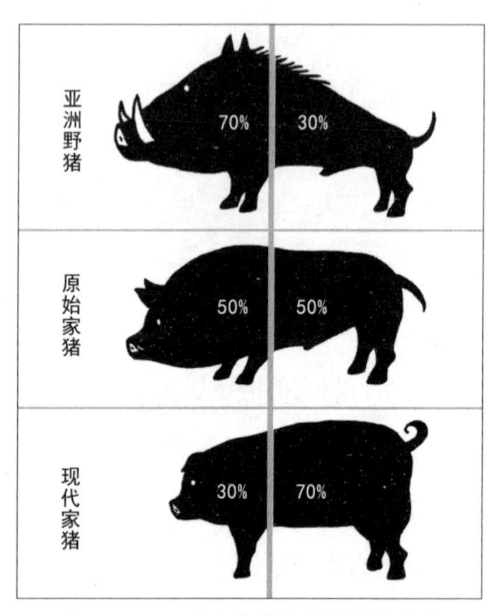

图 12-2　野猪和家猪身体比例的变化

猪的驯化、饲养和选育技术是中国古代最伟大的发明之一。饲养家猪，可以让人获得稳定的肉食资源。肉食资源有了保证，就可以增强人的体质，也为人口增长提供了保障。而人口增多，对资源的需求也会不断加大，各种矛盾随之出现。解决矛盾是需要智慧的，于是人类社会开始趋向于复杂化。由此可见，文化的发展、文明的起源、社会的进步等，都可以从饲养家猪的起源和发展中找到动力。

猪肉如何占据国人餐桌

贾湖遗址发现的猪骨多数是破碎的，这证明它们曾经被古人食用过。在研究了数百个遗址出土的猪骨，归纳完众多的古代文献后，我们发现，在相当长的时期内，北方地区（以黄河流域为代表）和南方地区（以长江流域为代表）的古代先民在是否通过养猪来获取肉食资源方面存在很大的差异。

在以黄河流域为代表的北方地区距今8000至7000年左右的遗址中发现的动物骨骼，多数属于狩猎捕获的鹿科动物，养猪以获取肉食资源在当时尚未占据主导地位。但在属于距今7000至5000年的遗址中出土的猪骨，其数量则占全部哺乳动物骨骼的大多数，这表明在这个时间段里养猪已经成为人们获取肉食资源的主要方式。到了距今5000至4000年左右，猪的占比较之前稍有下降，这主要是因为驯化后的黄牛和绵羊被引入到了这些地区，也成了肉食来源。尽管如此，家猪仍然是数量最多的家养动物。在中国古代，以家猪为主的肉食格局基本上没有发生大的变化。

而在以长江流域为代表的南方地区则明显不同。在距今8000至7000年左右的遗址中发现的家猪遗存很少。到了距今7000至4000年左右，家猪在哺乳动物中的占比仍然是少数，这个时间段内出土的动物遗存，仍然主要属于鹿科动物和鱼类。在南方地区新石器时代出土动物遗存的遗址中，唯一的例外是距今约 5300 至 4300 年的浙江杭州良渚文化遗址群，那里出土的动物遗存以家猪为主，而其他属于良渚文化的遗址中出土的动物则仍然以鹿科和鱼类为主。这个例外可能与当时这个地区率先进入文明时代，形成贵族阶层，需要集中大量人力修筑大坝、大墓及城墙等大型工程，野生动物资源不能满足贵族及大量人口的肉食需要有关，这是迄今为止南方地区唯一的例外。到了良渚文化之后，当地出土的动物遗存中，野生动物的比例明显增加，家猪再次成为少数。

《周礼》记载了先秦时期整个社会的政治、经济、文化、风俗、礼法等内容。《夏官司马·职方氏》中把天下分为九州，“东南曰扬州……其畜宜鸟兽，其谷宜稻。正南曰荆州……其畜宜鸟兽，其谷宜稻。河南曰豫州……其畜宜六扰，其谷宜五种。正东曰青州……其畜宜鸡、狗，其谷宜稻、麦。河东曰兖州……其畜宜六扰，其谷宜四种。正西曰雍州……其畜宜牛、马，其谷宜黍、稷。东北曰幽州……其畜宜四扰，其谷宜三种。河内曰冀州……其畜宜牛、羊，其谷宜黍、稷。正北曰并州……其畜宜五扰，其谷宜五种”。这里阐述了九州各自的农业状况，其中位于北方的豫州、青州、兖州、雍州、幽州、冀州、并州等七个州分别有多种农作物和家畜；而位于长江流域的荆州和扬州是“其畜宜鸟兽，其谷宜稻”，农作物是水稻，动物资源主要是鸟兽，不见家猪等家养动物。这可以与我们研究的史前时期长江流域的先民饲养家猪的数量相当少互相印证。据《国语·越语》记载，战国时期，位于宁绍平原的越国为了奖励人口生育，规定“生丈夫，二壶酒，一犬；生女子，二壶酒，一豚”。当时把家猪作为生了孩子才能得到的奖励，从侧面证明了家猪来之不易。

秦汉时期是中国古代农业经济快速发展的时期，养猪业也随之发展。贾思勰在《齐民要术》的序中记载，汉代地方官在劝课农桑时，倡导农户养“一猪、雌鸡四头”。汉代的很多墓葬里都会随葬陶猪圈，这也是当时养猪业兴盛的一个证据。养猪业到了宋代出现了质的飞跃。宋人笔记《东京梦华录》记载了北宋末年都城开封从南薰门赶猪进城的场景，“唯民间所宰猪，须从此入京，每日至晚，每群万数，止十数人驱逐，无有乱行者”。这段史料显示，当时要宰杀的猪都要从南薰门进入开封城，每天进城的猪都有数万头之多（图 12-3）。可见当时猪肉消费之盛况，说令人咋舌也不为过。

古人养猪是为了吃肉，在怎么把猪肉做成美味佳肴方面，他们也颇有研究。《礼记·内则》讲到的周八珍——淳熬、淳母、炮、捣珍、渍、为熬、糁、肝膋——其中的炮就包括烤乳猪。南北朝时期，贾思勰已把烤乳猪作为一项重要的烹饪技术写在《齐民要术》之中：“炙豚法：用乳下豚，极肥者，豮

图 12-3　图为作者对《清明上河图》的改绘，试图还原《东京梦华录》中从南熏门赶猪进城的相关描述

牸俱得。击治一如煮法。揩洗、刮、削，令极净。小开腹，去五藏，又净洗。以茅茹腹令满。柞木穿，缓火遥炙，急转勿住。……清酒数涂，以发色。……色同琥珀，又类真金；入口则消，状若凌雪，含浆膏润，特异凡常也。”看来，经过精心料理烤制出来的乳猪，不但色泽诱人，而且入口即化，堪称人间美味。

宋代的大文豪苏轼被贬至徐州、黄州和杭州，却没有意志消沉，反而一直造福于民，他在饮食上也颇有研究。相传，他在知徐州之时，黄河决口，洪水围困徐州。苏轼带领官兵和百姓筑堤抗洪。事后，徐州百姓杀猪宰羊，去他府上慰劳。苏轼推辞不得，便指点家人将猪肉切成方块，烧得红酥酥的，然后回赠给参加抗洪的百姓。百姓吃完之后，觉得此肉肥而不腻、酥香味美，一致称为“回赠肉”，后来苏轼又去往黄州和杭州担任官职，继续把此种美味发扬光大，于是人们便把这种做法的猪肉称为“东坡肉”。

火腿是另一道以猪腿为原料，经过腌制、洗晒、晾挂发酵而成的传统佳肴，尤以浙江金华火腿、云南宣威火腿的名气为大。火腿的制作由来已久，可追溯至汉魏时期的“脯腊”。《齐民要术》记载了“作五味脯法”：把家猪肉切成条或片，浸泡到用牛羊骨头和豆豉、盐、葱白、椒、姜、橘皮等多种调料一起煮制而成的汁液中一定时日，待浸透后用细绳穿起，挂在朝北的屋檐下阴干。腊月制作的条脯，可以放到夏天都不腐坏。南宋陈元靓的《事林广记》中则收有“造腊肉法”：每年腊日将猪肉切成片，用盐、酒、醋等腌制并悬挂阴干后，再放入沸水中烫过，刷上芝麻油，然后放在火上熏制。用此法制作的腊肉既可防虫蛀，又能让腊肉的颜色、气味甚佳。元代无名氏的作品《居家必用事类全集·饮食类》中收有“婺州（即金华）腊猪法”：“肉三斤许作一段。每斤用净盐一两，擦匀入缸。腌数日，逐日翻三两遍。却入酒醋中停，再腌三五日，每日翻三五次，取出控干。先备百沸汤一锅、真芝麻油一器，将肉逐旋各脔，略入汤蘸，急提起，趁热以油匀刷，挂当烟头处熏之。日后再用腊糟加酒拌匀，表里涂肉上，再腌十日。取出，挂橱中烟头上。若人家烟少，集笼糠烟熏十日可也，其烟当昼夜不绝。”这三则材料中记录的腌制腊猪肉的做法，其实与后世火腿的做法相差无几。至明朝，以猪腿腌制而成的金华火腿成为金华乃至浙江的著名特产，被列为贡品。至清代，金华火腿已远销海外。

猪肉一直是中国人主要的肉食，古代发明的烤乳猪、东坡肉和金华火腿至今仍是脍炙人口的美食。联合国粮食及农业组织 2009 年对全球被食用的家养动物种类和数量的统计结果显示，家猪占据首位（图 12-4）。

图 12-4　2009 年被人类食用的猪肉与其他动物的肉对比

古人的炫富工具

河姆渡遗址（位于浙江省余姚市，距今约7000—6000年）出土的一头小陶猪，是我国出土得比较早的陶猪雕塑作品（图12-5）。这只陶猪的雕塑手法尚比较笨拙，整体肥硕，猪头下垂，猪嘴前拱，腹部下垂，四肢矮短，作奔走状。相较于野猪，这只陶猪虽然体型上仍有些相似，但猪头已经明显变短，应该是人工驯化的结果。除了陶猪，河姆渡遗址内破碎的猪骨和牙齿也随处可见，有些陶器上还绘有猪纹，这些证明当时已经存在人工饲养的猪。河姆渡遗址还出土了一件陶钵，钵壁刻画了一只野猪的形象（图12-6），吻部前凸，鬃毛直立，体形瘦长，还是比较明显的野猪形态。

图12-5　浙江余姚河姆渡遗址出土的陶猪雕塑

图 12-6　浙江余姚河姆渡遗址出土陶钵上的野猪纹

考古学家在距今 5000 多年的凌家滩遗址 23 号墓的填土中发现了一头庞大的玉猪（图 12-7）。这头玉猪身长超过 70 厘米，体重达 88 千克。它是在一整块玉石上雕出猪的头部，以比较写意的手法表现猪的吻部、鼻孔和獠牙，眼睛和耳朵等细节也清晰可见，颈部至尾部几乎保留玉石的原貌，人工雕琢的痕迹不明显。这是到目前为止，考古学家发现的古代个头最大、重量最重的玉猪。

商周时期铸造的作为权力象征的青铜器美轮美奂，其中包含了造型不同的猪尊。例如湖南省湘潭县九华乡桂花村船形山出土的商代猪尊（图 12-8）。这只猪尊的头部有长嘴獠牙，两眼圆睁鼓凸，双耳招风，颈部有竖起的鬃毛，腰腹滚圆，四足刚健，短尾下垂，腹底有雄性生殖器。整只猪尊的头面部饰有兽面纹、云纹，腰腹部刻鳞片状纹，前后肢饰象鼻纹和夔龙纹

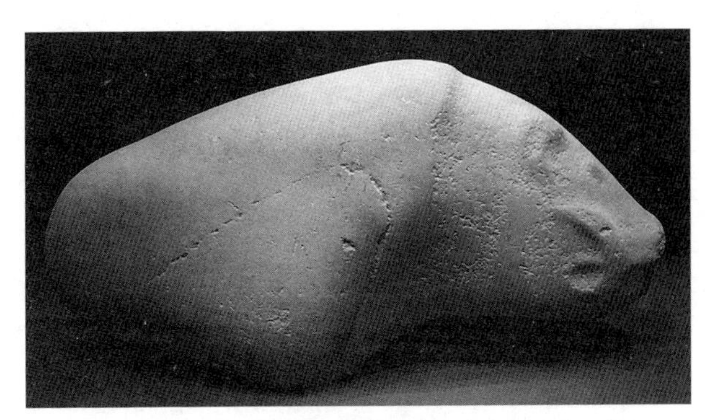

图 12-7 安徽含山凌家滩遗址出土的玉猪

图 12-8 湖南湘潭船形山出土的猪尊

等。尊体腹部中空，背上开一椭圆形的口，口有盖，盖上有鸟形把手。而年代稍晚的曲村天马遗址晋侯墓地出土的猪尊（图12-9），双眼圆睁，双耳斜向上翻，吻部较短、微微上翘，嘴

图 12-9　山西曲沃晋侯墓地出土的猪尊

角露出獠牙，颈上耸立着鬃毛，腰身滚圆，小尾向上竖起，四蹄作踏行状。尊体腹部中空，颈项内有阻隔，背上开一圆口，口置盖，盖上有圆形把手，盖周有目雷纹一周，盖内有一行铭文："晋侯乍旅饲。"尊腹两侧刻有圆形凸起的火纹，火纹外是一圈变形兽纹，尊腹底部有与盖内相同的铭文。这两只猪尊可能都是作为酒器使用的，以猪的形状作为成王和贵族的礼器，可见猪在当时的地位。

汉代厚葬之风盛行，多将死者生前所用之物随之一同埋葬，以便死后也能继续享用。猪作为主要的肉食的象征，也在墓葬中有所体现。汉阳陵出土了大批彩绘动物陶俑，其中猪俑是大宗，而且细分成了公猪、母猪、小猪，外形特点也已与今天所见的猪没什么区别。例如下面的这头陶公猪，长嘴大耳，眼睛圆睁，犬齿外露，身体及四肢匀称，下腹处的生殖器隐约可见（图 12-10）。再如一头黑色彩绘陶母猪，脖颈粗短，长嘴大耳，吻部上翘，不见犬齿，身体肥硕，腹部滚圆、下垂，几乎触地，两排乳头毕现，四肢矮壮，整体呈怀孕状（图 12-11）。以上这两头猪的塑造都把握住了公猪和母猪的特征，手法已经十分细腻。

汉代墓葬中还出土了不少陶塑猪圈。后士郭遗址（位于河南省新密市）1 号墓出土的陶塑猪圈展现了当时的养猪方式：

图 12-10　陕西汉阳陵出土的陶公猪

图 12-11　陕西汉阳陵出土的陶母猪

沿台阶而上，正对着的是茅厕，右手边下方的空地用围墙围起，里面有一头膘肥体壮的陶猪（图 12-12）。茅厕里的人粪可以供给猪吃，这符合猪的杂食特性。我们在做碳氮稳定同位素分析时，发现猪的食物结构与人的完全相同，吃人粪应是其中一个原因。猪圈的出土，证明了汉代人们养猪已经采用圈养的方式。

山东省诸城市前凉台汉墓出土的画像石上刻有三人杀猪的画面（图 12-13）。在这幅庖厨图上，我们能看到一人用绳拴住猪，一人持棒欲打猪，还有一人持刀准备杀猪，旁边还有一只盆子，似乎是用来盛猪血的。甘肃省嘉峪关市发现的魏晋墓壁画上也有杀猪的画面（图 12-14），只见那头猪被摆放在案上，似已被宰杀，猪的后方有一人，正手持工具给猪屁股去毛。案

图 12-12　河南新密后士郭遗址出土的陶塑猪圈

图 12-13　前凉台汉墓出土的画像石上的庖厨图

下还有一只盆子，似乎盛满了水。

《清宫兽谱》画出了清人眼中猪的形象（图 12-15）。只见图上有一只黑猪在草地上漫步，背上的鬃毛毕现，猪尾巴似乎正好拂到身上，那时候中国的猪大多是黑色的，跟现在不同。

图 12-14　甘肃嘉峪关魏晋墓壁画上的猪

图 12-15 《清宫兽谱》中的猪

从偶像到猪八戒

甲骨文中的“豕”字是一个典型的象形文字，直接画了一只猪的样子，与甲骨文中的“犬”字略有相似，只是两者的尾部不同，“豕”字的尾部是流畅地垂下，而“犬”字的尾部则是向后翘起。自小篆开始，出现了现在“豕”的雏形，到楷书阶段，“豕”字已与今天通用的无异（图 12-16）。“豕”字是猪的统称，既指野猪，也指家猪。如前已提到的，据闻一多考证，甲骨文里的“豕”字已有阉割和未阉割之分，腹下那一划与身子相连的是没有阉割过的公猪，而那一划与身子断开的则是被阉割过的（图 12-17）。至于为什么古人要对公猪进行阉割，或许是为了让公猪去除野性，变得温驯起来。《周易·大畜卦》载：“豮豕之牙，吉。”就是说阉割过的猪，凶性已除，虽然还有锋利的獠牙，但已不足为害。结合现代养猪的经验，阉割公猪可能还有提升猪肉口感的意图。考古遗址中出土的猪骨，有很多性别特征不明显，经过年龄测定，我们认为这些骨

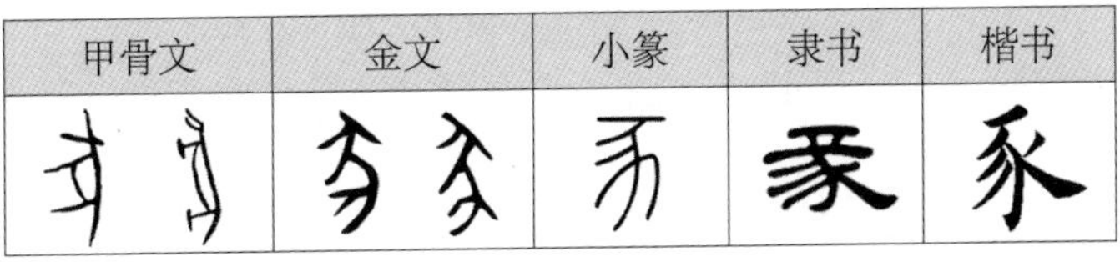

甲骨文	金文	小篆	隶书	楷书

图 12-16 “豕”字的演变

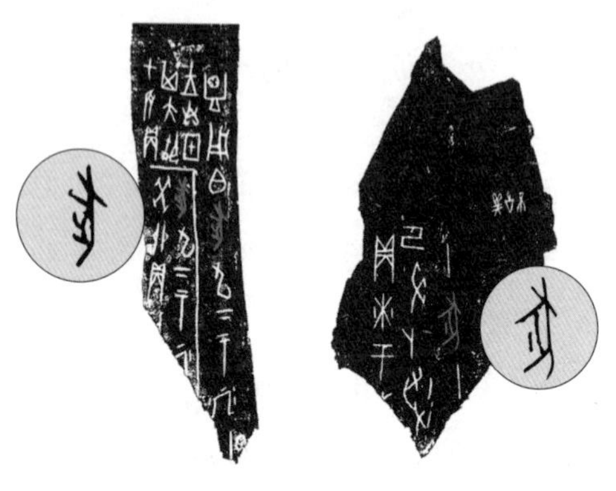

图 12-17　甲骨文中未被阉割过的“豕”字与被阉割过的“豕”字

头的主人年龄多在一岁左右。有学者认为，这些猪应是被阉割过的公猪，因为被阉割过的公猪这个年龄段口感最好。总而言之，从甲骨文中“豕”字的写法，以及对猪的阉割与未阉割的区分，足以看出古人的观察能力。

“猪”字在书面语中出现得晚得多。据我国著名农史学家游修龄统计，在先秦及前汉时期的十几部主要文献中，“豕”和“彘”出现得最多，“豚”字也不少，“猪”字的使用频率极少，他认为“猪”字在先秦时期主要是东南一带的方言。就目前所见的主要文献资料，“猪”字最早见于《左传·定公十四年》：“既定尔娄猪，盍归吾艾豭。”此后直到西汉时期，“猪”仅出现在一些训诂材料中，这说明它应该多在口语表达中使用。直到东汉时期，“猪”才在书面语中逐渐多起来，最晚到三国时期，猪字已经取代“豕”和“彘”，成为猪这种动物的统称（图 12-18）。在此之后，猪的各种称谓，也都有了专门的指向，如豚、豘、豯指的是小猪，豭指的是公猪，豥指的是四蹄皆白之猪，豨、豲指的是野猪。把猪的分类做得这么仔细，足以说明猪在古代社会的重要性。

先秦文献中与“豕”有关的句子颇多。例如《诗经·小雅·渐渐之石》：“有豕白蹢，烝涉波矣。”大意是长着白蹄子的猪，跳进水里游过去。这是一首描写艰苦的军旅生活的诗，以白蹄子猪下水游泳，比喻路遇滂沱大雨——古人认为如果天要下大雨，猪就会下水游泳。《诗经·大雅·公刘》则有“执豕于牢，酌之用匏”之句。把猪从猪圈里抓出来，往酒器里倒上酒——描写了周人祖先公刘率领族人由邰迁到豳，定居下来并举行庆祝活动的场景。《孟子·梁惠王上》记载：“鸡豚狗彘之畜，无失其时，七十者可食肉矣。”还有上文说到的《周礼·大畜卦》：“豮豕之牙，吉。”这些涉及猪的记述，多反映了猪在人类生活中作为肉食资源和祭祀牺牲的用途。

小篆	隶书	楷书
豬	猪	猪

图 12-18 “猪”字的演变

猪在先人的精神文化中也扮演了重要角色。9000 年前的贾湖遗址中发现了把猪的下颌骨作为随葬品，这表明当时的人已经给猪的下颌赋予特殊意义。在兴隆洼遗址（位于内蒙古自治区赤峰市敖汉旗，距今约 7500—6500 年），人们还发现了把公猪和母猪与人合葬的现象（图 12-19）。考古学家在中国各个地区属于史前时期的遗址里都发现过不少使用猪头、猪下颌随葬或用整头猪祭祀的现象。可见在中国史前时期的随葬和祭祀活动中，猪是古人使用得最多的动物。这种做法一直延续到商代。属于商代早期的偃师商城遗址的宫城北部有一条祭祀沟，沟中发现了 300 多头猪的骸骨，而且大多都是完整的（图 12-20）。到了商代晚期的安阳殷墟遗址，还能看到在祭祀的场合埋葬多头猪的案例；但在属于贵族的墓葬和祭祀区域，出现了用猪、牛和羊一起祭祀的现象，之后这种祭祀组合一直延续下来。

图 12-19　内蒙古兴隆洼遗址 118 号墓的人猪合葬

图 12-20 河南偃师商城遗址祭祀用猪的遗存

尽管猪作为牺牲在上层人物的祭祀活动中出现得越来越少，但在民间，以猪为牺牲的祭祀习俗仍然盛行。何郢遗址（位于安徽省滁州市）是一个属于商周时期的普通村落，这个遗址中有专门用于埋葬和祭祀的场所。在这个场所里，动物坑与墓葬错落分布，墓葬内的人骨经鉴定均属于儿童，动物坑内的动物骸骨则主要是猪的，其次是狗的，不见其他种类。坑中的猪头多数被砍掉，而以一块大石头代替（图 12-21）。民间用猪祭祀的习俗一直流传至今，浙江省杭州市淳安县金峰乡朱家村里生活着南宋著名学者朱熹的后人，每年的正月，朱家村的村民都要用篮子装上猪头和猪尾巴，插上鲜花，带到祠堂去祭祖（图 12-22）。

野猪性情凶悍，报复心强，它们一般不会主动攻击人类，但一旦被惹怒，锋利的獠牙和爪子都会对人类造成极大的伤害，“狼奔豕突”是一个比喻坏人成群地乱冲乱闯，恣意破坏

图 12-21　安徽滁州何郢遗址发现的祭祀用猪（骸骨）

图 12-22　朱家村民以猪头祭祖的场面

的成语，即取自野猪发怒时惊人的破坏力。此外，野猪的妊娠期只有 4 个月，繁殖旺盛期可以年产 2 胎，每胎 4 至 10 仔，可谓繁殖力极强。鉴于野猪本身的力量和繁殖力，它们有没有可能也像其他的图腾动物那样，曾经成为人类崇拜的对象呢？

《山海经·海内经》载："流沙之东，黑水之西，有朝云之国、司彘之国。黄帝妻雷祖，生昌意，昌意降处若水，生韩流。韩流擢首、谨耳、人面、豕喙、麟身、渠股、豚止，取淖子曰阿女，生帝颛顼。"流沙东边、黑水西边，有个国家叫司彘国。所谓司彘，就是养猪，代表这个国家擅长养猪，与猪关系密切，将猪作为图腾崇拜也是情理之中。紧接着说到黄帝的后代、颛顼的父亲韩流，此人长头、小耳、人面、猪嘴、麒麟身、罗圈腿，有小猪一样的蹄子。把形象为人猪杂糅的韩流放在司彘国之后，当指韩流是司彘国所崇拜的猪神。具有猪的形象的神灵在《山海经》中并不罕见，《北山经》里提及："凡北次三山之首，自太行之山以至于毋逢之山，凡四十六山，万二千三百五十里。其神状皆马身而人面者廿神……其十四神状皆彘身而载玉……其十神状皆彘身而八足，蛇尾。"《中山经》也多次提及："凡荆山之首，自翼望之山至于几山，凡四十八山，三千七百三十二里。其神状皆彘身人首。""凡苦山之首，自休与之山至于大騩之山，凡十有九山，千一百八十四里。其十六神者，皆豕身而人面。"《庄子》中也有几处提到"豨韦氏"，如《内篇·大宗师》记载："豨韦氏得之，以挈天地；伏戏氏得之，以袭气母；……黄帝得之，以登云天；颛顼得之，以处玄宫；禺强得之，立乎北极；西王母得之，坐乎少广，莫知其始，莫知其终；彭祖得之，上及有虞，下及及五伯……"

把豨韦氏与伏羲、黄帝、颛顼、西王母、彭祖等古代著名的部落首领并列，证明豨韦氏也是远古时期的部落首领名号。豨，野猪之意；韦，柔皮也。“豨韦氏”，当指这位首领的部落擅长驯猪、养猪，还能以猪皮制鼓。这些似乎都证明远古时代可能存在崇拜猪的风气。

谈到猪神，更广为人知的当为《西游记》中的猪八戒。他原本是天界的神灵，掌管着天河十万水军，号为“天蓬元帅”，后因触犯天条，被玉帝贬入凡尘，又因投错了胎，长成一副猪的模样。尽管如此，其本性还算是在憨厚之列，后来跟随唐僧，与师兄弟孙悟空和沙和尚一起，跋山涉水，斩妖除魔，最终到达西天，取得真经。与聪明勇敢、武力过人、富有反抗精神的美猴王孙悟空不同，猪八戒贪财好色，好吃懒做，蠢笨而易受人欺骗，还动不动就要散伙回高老庄，是比较讨人嫌的形象。从天蓬元帅到猪八戒，似乎从一个侧面反映了猪从史前社会在精神世界发挥重要作用的角色中跌落下来。

在猪尚未被驯化之时，野猪以其本身的力量以及惊人的繁殖力，成为先民们崇拜和讨好的对象，野猪甚至是勇敢和有力的象征，例如在西汉之前就有地名与人名以“彘”为名。但是，随着文明的推进，野猪被人类驯养，逐渐失去其先祖的野性，之后更是终日被圈养在圈舍中，在肮脏污秽中打滚，过着混吃待宰的日子。再者，相比于其他六畜——马能征战、驮运，牛能耕田、拉车，羊能提供肉、奶、毛，鸡能提供大量蛋和报晓，狗能看家护院、充当猎犬——仅用于肉食的猪似乎显得用途单一，形象又不讨喜，于是，猪开始失去昔日的光环，沦为懒惰、肮脏、低下的代表。猪在现实生活中的状况，反映到了文艺作品中，于是《西游记》中的猪八戒有着种种缺点，也就不足为奇了。

野猪曾经是原始部落时期先民们的图腾信仰。后来，野猪崽偶然被人们捕获，开启了猪的驯化之旅。在至少 9000 年前的贾湖遗址中，就已经出现了家猪的骸骨，证明此时先民已经开始饲养猪。由于猪繁殖力强，将饲料转化为肉量的效率高，又是杂食动物，食性广、耐粗养，与人类定居生活相适应，故而一直被先民们持续驯化，最终成为人们主要的肉食来源。饲养猪让人们获得了稳定的肉食来源，人口的稳步增长有了保障。人多了，矛盾也随之而来，也就需要更高级的智慧来解决问题，于是人类社会开始趋向于复杂化。因此，可以说，猪推动了人类文明的不断进化。

后　记

自2019年底开始，历时3年，终于完成了这本书的写作和修改任务。

在本书的写作和修改过程中，我与我的学生罗运兵博士（湖北省文物考古研究院）、李志鹏博士（中国社会科学院考古研究所）、吕鹏博士（中国社会科学院考古研究所）、陈相龙博士（中国社会科学院考古研究所）、尤悦博士（首都师范大学历史学院）、刘羽阳博士（国家博物馆陈列工作部）、武庄博士（河北师范大学历史文化学院）、邓惠博士（山西大学考古文博学院）、李凡博士（郑州大学历史学院）、戴玲玲博士（辽宁师范大学历史文化旅游学院）、李悦博士（西北大学文化遗产学院）、余翀博士（中山大学社会学与人类学学院）、董宁宁博士（复旦大学科技考古研究院）、刘一婷博士（武汉大学历史学院）、左豪瑞博士（国家文物局考古研究中心）、王运辅博士

（重庆师范大学历史与社会学院）、刘欢博士（咸阳师范学院历史文化学院）讨论书中的细节，受益良多。

中国社会科学院考古研究所的黄益飞博士有深厚的古文字功底，他帮我收齐了与十二生肖相关的自甲骨文以来的文字。中国社会科学院考古研究所的杨梦菲女士、复旦大学文物与博物馆学系的祁姿妤博士、复旦大学科技考古研究院的薛轶宁女士在我查阅资料时多有帮助。此外，我还曾经向中国社会科学院考古研究所的杜金鹏研究员、白云翔研究员、冯时研究员、何努研究员、刘瑞研究员、何毓灵研究员、杨勇研究员、赵海涛副研究员，中国科学院古脊椎动物与古人类研究所的邓涛研究员、倪喜军研究员，北京大学中文系的李零教授，考古文博学院的李伯谦教授、齐东方教授、徐天进教授、孙华教授、陈建立教授，中国文化遗产研究院的葛承雍研究员，中国林业出版社的黄华强先生，陕西师范大学历史文化学院的曹玮教授、沙武田教授，陕西省考古研究院的焦南峰研究员、张建林研究员、胡松梅研究员、王小蒙研究员、邵晶研究员，山西省考古研究院的贾尧文博馆员，山东省石刻艺术博物馆的杨爱国研究员，中国科学技术大学科技史与科技考古系的张居中教授、王娟博士，安徽大学历史学院的吴卫红教授，上海大学历史系的曹峻博士，湖南大学岳麓书院考古系的郭伟民教授请教相关问题，皆有豁然开朗之感。

故宫研究院、文物出版社、科学出版社、敦煌研究院，以及辽宁省文物考古研究院白宝玉院长、北京联合大学应用文理学院历史文博系宋国定教授、陕西省考古研究院孙周勇院长、陕西历史博物馆侯宁彬馆长、西安市文物保护考古研究院冯健院长、汉景帝阳陵博物院李举纲院长、河南省文物考古研究院刘海旺院长、河南省南阳市文化局王建中先生、河南省济源市博物馆李彩霞女士、山东省文物考古研究院孙波院长、山东博物馆郑同修馆长、山东石刻艺术博物馆蒋英炬先生、安徽省文物考古研究所叶润清所长、复旦大学文物与博物馆学系的郑建明教授和王辉教授，湖南博物院段晓明院长、云南省大理白族自治州博物馆李雁芬女士和杨伟林先生、广州市文物考古研究院易西兵院长都慷慨允诺我使用相关图片。

广西师范大学出版社的刘春荣主编和梁桂芳编辑一直关心书稿的撰写，在通读我的书稿后，提出许多有益的建议，帮助我全方位地完善书稿。

最后要提到我的夫人肖克，她在我的写作过程中，总是我完成的每个章节的第一位读者，对于我的书稿提出许多中肯的建议，可以说，书稿的完成也凝聚着她的心血。

在此向大家，以及各出版、研究单位一并致谢。

主要参考文献

史料、专著

[汉]戴德:《大戴礼记解诂》,中华书局,1983年。

[汉]许慎:《说文解字》,中华书局,2018年。

[汉]司马迁著,韩兆琦译注:《史记》,中华书局,2010年。

[汉]孔安国传,[唐]孔颖达正义,黄怀信整理:《尚书正义》,上海古籍出版社,2008年。

[晋]葛洪:《西京杂记》,中华书局,1985年。

[南唐]徐锴:《说文解字系传》,中华书局,1987年。

[元]王祯:《农书译注》,齐鲁书社,2009年。

[明]施耐庵、罗贯中:《水浒传》,人民文学出版社,2018年。

[明]谢榛、[清]王夫之:《四溟诗话 姜斋诗话》,人民文学出版社,1961年。

[清]董诰等编:《全唐文》,中华书局影印本,2001年。

徐正英、邹皓译注:《春秋穀梁传》，中华书局，2016 年。

孙通海、方勇译注:《庄子》，中华书局，2007 年。

程俊英:《诗经译注》，上海古籍出版社，2016 年。

故宫博物院:《清宫兽谱》，故宫出版社，2014 年。

鲁迅:《朝花夕拾》，人民文学出版社，2020 年。

王哲:《上帝的跳蚤：人类抗疫启示录》，世界知识出版社，2020 年。

纪树立:《鼠疫》，人民卫生出版社，1988 年。

鲁迅:《鲁迅全集》，人民文学出版社，2005 年。

陈海涛、陈琦:《图说敦煌二五四窟》，生活 · 读书 · 新知三联书店，2017 年。

余秋雨:《寻觅中华》，作家出版社，2008 年。

曹胜高、岳洋峰辑注:《汉乐府全集》，崇文书局，2018 年。

孙党伯、袁謇正主编:《闻一多全集》，湖北人民出版社，1993 年。

闻一多:《古典新义》，商务印书馆，2011 年。

杨钟健:《演化的实证与过程》，科学出版社，1957 年。

李零:《十二生肖中国年》，生活 · 读书 · 新知三联书店，2020 年。

李禹阶、孔令远:《汪宁生藏西南民族老照片》，巴蜀书社，2010 年。

郭郛、［英］李约瑟、成庆泰：《中国古代动物学史》，科学出版社，1999 年。

论文

胡松梅、孙周勇：《陕北靖边五庄果墚动物遗存及古环境分析》，《考古与文物》2005 年第 6 期。

倪宝成：《从民俗学角度谈鼠与鼠文化》，公众号“倪宝诚民间艺术”2018 年 3 月 16 日文章。

刘少才：《一场惊心动魄的较量：晚清东北大瘟疫与年轻总医官伍连德》，《档案天地》2020 年第 2 期。

刘莉、杨东亚、陈星灿：《中国家养水牛起源初探》，《考古学报》2006 年第 2 期。

姚义斌、徐华瑞：《从汉画像石看两汉牛耕技术的进步——兼论两汉时期南方地区的牛耕问题》，《扬州大学学报（人文社会科学版）》2014 年第 5 期。

濮阳西水坡遗址考古队：《1988 年河南濮阳西水坡遗址发掘简报》，《考古》1989 年第 12 期。

濮阳市文物管理委员会、濮阳市博物馆、濮阳市文物工作队：《河南濮阳西水坡遗址发掘简报》，《文物》1988 年第 3 期。

王仁湘：《石峁石雕杂谈——虎变》，公众号“器晤”2020 年 2 月 10 日文章。

张光直：《商周青铜器上的动物纹样》，《考古与文物》1981年第2期。

刘惠萍：《汉画像中的“玉兔捣药”——兼论神话传说的借用与复合现象》，《中国俗文化研究》第五辑。

庞本：《与兔有关的神话传说及民俗文化》，《2007中国兔文化节“康大杯”兔业优秀科技论文、科普作品集》，2007年。

王明达：《也谈我国神话中龙形象的产生》，《思想战线》1981年第3期。

陈壁辉：《扬子鳄与“龙”》，《生物学杂志》1986年第4期。

章太炎：《说龙》，收入《章太炎全集（五）》，上海人民出版社，2014年。

朱乃诚：《炎黄时代的图腾与龙及中华龙文化的起源与形成》，《信阳师范学院学报（哲学社会科学版）》第39卷第5期，2019年9月。

李零：《说龙，兼及饕餮纹》，《中国国家博物馆馆刊》2017年第3期。

曹峻：《瑶山7号墓出土玉牌饰造型研究——兼谈龙首纹上的菱形纹及相关问题》，《东南文化》2020年第1期。

吴荣曾：《战国、汉代的“操蛇神怪”及有关神话迷信的变异》，《文物》1989年第10期。

王仁湘：《创世纪众神蛇身共享主题图考（中）》，公众号

“器晤”2019年8月24日文章。

臧连春:《浅谈〈白蛇传〉的文化意义》,《中学课程辅导》2014年第33期。

黑光、朱捷元:《陕西绥德墕头村发现一批窖藏商代铜器》,《文物》1975年第2期。

寇雪苹:《先秦文献中的蛇意象考察》,西北大学2012年硕士学位论文。

周明镇:《马的进化》,《生物学通报》1953年第11月期。

李悦、尤悦、刘一婷、徐诺、王建新、马健、任萌、习通源:《新疆石人子沟与西沟遗址出土马骨脊椎异常现象研究》,《考古》2016年第1期。

杨泓:《中国古代马具的发展和对外影响》,《文物》1984年第9期。

周怀东:《唐三彩艺术研究》,《艺术百家》2013年第7期。

王迅:《鄂尔多斯猴子骑马青铜饰与〈西游记〉中弼马温的由来》,《远望集——陕西省考古研究所华诞四十周年纪念文集》,陕西人民美术出版社,1998年。

侯连海:《记安阳殷墟早期的鸟类》,《考古》1989年第10期。

埃文·拉特利夫(Evan Ratliff)著,陈昊译:《驯化之路》,《华夏地理》2011年第3期。

部分图片来源

拉页

唐代十二生肖的人身陶俑（均为陕西省考古研究院提供）

第一章

图 1–2 河北保定满城汉墓含鼠类遗骸的陶瓮（中国社会科学院考古研究所、河北省文物管理处编：《满城汉墓报告》，图版八 –5，文物出版社，1980 年）

图 1–4 四川郪江流域汉代崖墓中的狗咬耗子图（四川省文物考古研究院、绵阳市博物馆、三台县文物管理所编：《三台郪江崖墓》，图版十二，文物出版社，2007 年）

图 1–5 山东沂南画像砖上的狗咬耗子图（曾昭燏、蒋宝庚、黎忠义：《沂南古画像石墓发掘报告》，图版七七，文化部文物管理局，1956 年）

图 1–6 广州市动物园唐代砖室墓鼠俑（广州市文物考古研究院：《广州市动物园唐代砖室墓 M1 的发掘》，《考古》2019 年第 6 期，图一〇、一一）

图 1–7 清铜抱栗鼠（故宫博物院提供）

图 1–9 明宣宗御画《三鼠图卷 · 苦瓜鼠图》（故宫博物院提供）

图 1–10《清宫兽谱》中的鼠（故宫博物院提供）

第二章

图 2–3 春秋晚期的牛形牺尊（《中国青铜器全集》编辑委员会编：《中国青铜器全集：东周 2》，第 49 页，文物出版社，1994 年）

图 2–5 二牛一人耕地图（陕西历史博物馆编：《陕西古代文明》，第 70 页，陕西人民出版社，2008 年）

图 2–6 一牛一人耕地图（徐光冀主编：《中国出土壁画全集 9》，第 113 页，科学出版社，2012 年）

图 2–7 一牛一人耙地图（徐光冀主编：《中国出土壁画全集 9》，第 75 页，科学出版社，2012 年）

图 2–8 神农用耒耜翻土的形象（蒋英炬主编：《中国画像石全集第 1 卷 · 山东汉画像石》，第 29 页，河南美术出版社、山东美术出版社，2000 年）

图 2–9 河南柘城山台寺遗址祭祀坑里的 9 副黄牛骨骼（张长寿、张光直：《河南商丘地区殷商文明调查发掘初步报告》，《考

古》1997年第4期，图版一：2）

图2–12 河南安阳殷墟遗址出土的“亚长”牛牺尊（中国社会科学院考古研究所:《安阳殷墟花园庄东地商代墓葬》，彩版14，科学出版社，2007年）

图2–14 河南三门峡虢国墓地出土的玉牛面（杨伯达主编:《中国玉器全集（中）》，图版230，河北美术出版社，2005年）

图2–16 唐代韩滉绘制的《五牛图》（故宫博物院提供）

第三章

图3–1 河南濮阳西水坡遗址的蚌壳摆塑龙虎图（河南省文物考古研究所、濮阳市文物保护管理所、南海森主编:《濮阳西水坡》，彩版七，中州古籍出版社、文物出版社，2012年）

图3–2 河南濮阳西水坡遗址的蚌壳摆塑龙虎连体图（河南省文物考古研究所、濮阳市文物保护管理所、南海森主编:《濮阳西水坡》，彩版八，中州古籍出版社、文物出版社，2012年）

图3–3 河南濮阳西水坡遗址的蚌壳摆塑人骑龙和奔虎图（河南省文物考古研究所、濮阳市文物保护管理所、南海森主编:《濮阳西水坡》，彩版九，中州古籍出版社、文物出版社，2012年）

图3–5 法国池努奇博物馆收藏的商代虎卣（《中国青铜器全集》编辑委员会编:《中国青铜器全集：商4》，第149页，文物出版社，1998年）

图 3-6 湖南邵东出土的西周四虎饰铜镈（李伯谦主编:《中国出土青铜器全集 14：湖南》，第 79 页，科学出版社、龙门书局，2018 年）

图 3-8 春秋晚期的嵌错虺纹虎耳铜壶（陕西历史博物馆编:《陕西古代文明》，第 46 页，陕西人民出版社，2008 年）

图 3-9 河北平山中山王墓出土的错金银虎噬鹿铜屏风座（李伯谦主编:《中国出土青铜器全集 2：河北》，第 165 页，科学出版社、龙门书局，2018 年）

图 3-13 陕西西安汉代礼制建筑遗址发现的白虎瓦当（西北大学文博学院编:《百年学府聚珍》，第 102 页，文物出版社，2002 年）

图 3-15 河南方城东汉画像石墓发现的人斗虎图像（王建中、赵成甫、魏仁华主编:《中国画像石全集第 6 卷：河南画像石》，第 36 页，河南美术出版社、山东美术出版社，2000 年）

图 3-16 甘肃敦煌莫高窟第 254 窟中的《摩诃萨舍身饲虎图》（局部）（赵声良主编:《中国敦煌壁画全集：敦煌、北凉、北魏》，第 115 页，辽宁美术出版社、天津人民美术出版社，2006 年）

图 3-17《清宫兽谱》中的虎（故宫博物院提供）

图 3-18 战国晚期秦国的杜虎符（陕西历史博物馆编:《陕西古代文明》，第 54 页，陕西人民出版社，2008 年）

第四章

图 4–1 安徽含山凌家滩遗址出土的片雕玉兔（安徽省文物与考古研究所提供）

图 4–3 北京昌平明定陵孝靖皇后棺中出土的耳饰（《中国玉器全集》编辑委员会编：《中国玉器全集 5：隋、唐—明》，第 193 页，河北美术出版社，1993 年）

图 4–4 清代青玉嵌宝石卧兔（故宫博物院提供）

图 4–5 山西曲沃晋侯墓地出土的青铜兔尊（李伯谦主编：《中国出土青铜器全集 4：山西（下）》，第 259 页，科学出版社、龙门书局，2018 年）

图 4–7《清宫兽谱》中的兔（故宫博物院提供）

图 4–8 湖南长沙马王堆 1 号墓出土的 T 形帛画，左上角有兔子元素（湖南省博物馆、中国科学院考古研究所：《长沙马王堆一号汉墓》，图三八，文物出版社，1973 年）

图 4–9 山东嘉祥宋山小祠堂画像石中的兔子元素（王建中、赵成甫、魏仁华主编：《中国画像石全集第 6 卷：河南画像石》，第 91 页，河南美术出版社、山东美术出版社，2000 年）

第五章

图 5–6 陕西扶风海家村出土的西周青铜爬龙（李伯谦主编：《中国出土青铜器全集 16：陕西（中）》，第 375 页，科学出版社、

龙门书局，2018年）

图5-7 陕西西安张家坡西周墓出土的青铜邓仲牺尊（李伯谦主编：《中国出土青铜器全集17：陕西（下）》，第489页，科学出版社、龙门书局，2018年）

图5-8 河北平山中山国遗址出土的错金银四龙四凤铜方案（李伯谦主编：《中国出土青铜器全集2：河北》，第160页，科学出版社、龙门书局，2018年）

图5-9 湖南长沙马王堆1号墓出土的T形帛画中的龙（湖南省博物馆、中国科学院考古研究所：《长沙马王堆一号汉墓》，图三八，文物出版社，1973年）

第六章

图6-1 河南洛阳二里头遗址出土的蛇纹陶片（中国社会科学院考古研究所洛阳发掘队：《河南偃师二里头遗址发掘简报》，《考古》1965年第5期，图版三：10）

图6-4 陕西西安汉代礼制建筑遗址发现的玄武瓦当（西北大学文博学院编：《百年学府聚珍》，第102页，文物出版社，2002年）

图6-5 湖南长沙马王堆1号墓出土的T形帛画，上面有蛇的元素（湖南省博物馆、中国科学院考古研究所：《长沙马王堆一号汉墓》，图三八，文物出版社，1973年）

图 6-6 山东嘉祥武梁祠中发现的伏羲和女娲像，均为人首蛇身（蒋英炬主编:《中国画像石全集第 1 卷 · 山东汉画像石》，第 56 页，河南美术出版社、山东美术出版社，2000 年）

图 6-7 陕西绥德墕头村附近发现的蛇头铜匕（李伯谦主编:《中国出土青铜器全集 15：陕西（上）》，第 60 页，科学出版社、龙门书局，2018 年）

图 6-8 山西石楼后兰家沟村出土的蛇首扁柄斗（李伯谦主编:《中国出土青铜器全集 3：山西（上）》，第 92 页，科学出版社、龙门书局，2018 年）

图 6-9 甘肃灵台白草坡西周墓出土青铜剑剑鞘上的蛇纹装饰（李伯谦主编:《中国出土青铜器全集 20：甘肃、宁夏、新疆、辽宁、吉林、黑龙江》，第 84 页，科学出版社、龙门书局，2018 年）

图 6-10 四川广汉三星堆遗址出土的青铜蛇（《中国青铜器全集》编辑委员会编:《中国青铜器全集 13：巴蜀》，第 48 页，文物出版社，1994 年）

图 6-11 四川成都金沙遗址出土的蛇形器座（成都市文物考古研究所、北京大学考古文博院:《金沙淘珍》，第 188 页，文物出版社，2002 年）

图 6-13 云南昆明石寨山古墓群出土的蛇头形铜叉（云南省文物考古研究所、昆明市博物馆、晋宁县文物管理所:《晋宁石寨山：第五次发掘报告》，彩版五四，文物出版社，2009 年）

第七章

图 7–2 河南安阳殷墟西北岗发掘的马坑（中国社会科学院考古所安阳队：《安阳武官村北地商代祭祀坑的发掘》，《考古》1987 年第 12 期，图版三：3）

图 7–3 陕西西安张家坡遗址发现的车马坑（线描图）（中国科学院考古研究所编：《沣西发掘报告》，图九四，文物出版社，1962 年）

图 7–10 十六国时期梁猛墓出土的铠马（西安市文物保护考古研究院：《陕西西安洪庆原十六国梁猛墓发掘简报》，《考古与文物》2018 年第 4 期，封三：1）

图 7–11《虢国夫人游春图》（摹本）（黄小峰：《张萱〈虢国夫人游春图〉》，第 4 页，文物出版社，2010 年）

图 7–15 陕西西安何家村发现的鎏金舞马衔杯纹仿皮囊银壶（陕西省博物馆提供）

图 7–18 唐代将领鲜于庭诲墓出土的三彩马（中国社会科学院考古研究所：《唐长安城郊隋唐墓》，彩版四，文物出版社，1980 年）

图 7–20 《清宫兽谱》中的马（故宫博物院提供）

第八章

图 8–1 新疆下坂地墓地出土的羊脊椎骨（新疆文物考古研究

所编:《新疆下坂地墓地》,彩版二九 -4,文物出版社,2012 年)

图 8-2 新疆萨恩萨伊墓地出土的羊骨(新疆文物考古研究所编:《新疆萨恩萨伊墓地》,图版五八 -3,文物出版社,2013 年)

图 8-3 汉画像石上的鱼羊图(山东省博物馆、山东省文物考古研究所编:《山东汉画像石选集》,图版 220,齐鲁书社,1982 年)

图 8-7 河南汤阴白营遗址发现单独捆绑埋葬的羊(安阳地区文物管理委员会:《河南汤阴白营龙山文化遗址》,《考古》1980 年第 3 期,图 3)

图 8-8 甘肃永靖大何庄遗址出土的用于占卜的羊骨(中国科学院考古研究所甘肃工作队:《甘肃永靖大何庄遗址发掘报告》,《考古学报》1974 年第 2 期,图版七:1、2)

图 8-10 商代四羊方尊(《中国青铜器全集》编辑委员会编:《中国青铜器全集:商 4》,第 113 页,文物出版社,1998 年)

图 8-11 江西新干大洋洲商墓出土的四羊首瓿(《中国青铜器全集》编辑委员会编:《中国青铜器全集:商 4》,第 97 页,文物出版社,1998 年)

图 8-12 流失海外的商代双羊尊(《中国青铜器全集》编辑委员会编:《中国青铜器全集:商 4》,第 129 页,文物出版社,1998 年)

图 8-13 河南安阳殷墟妇好墓出土的玉羊头(中国社会科学

院考古研究所编著：《殷墟妇好墓》，图版一三五：3，文物出版社，1980年）

图8–16 河北保定满城汉墓出土的青铜羊灯（《中国青铜器全集》编辑委员会编：《中国青铜器全集：秦汉》，第112页，文物出版社，1998年）

图8–18《清宫兽谱》中的山羊（故宫博物院提供）

第九章

图9–6 云南昆明石寨山古墓群出土的狩猎纹青铜剑（线描图）（云南省博物馆编：《云南晋宁石寨山古墓群发掘报告》，第48页，文物出版社，1959年）

图9–7 云南昆明石寨山古墓群出土的猴形铜柄剑（云南省文物考古研究所、昆明市博物馆、晋宁县文物管理所编：《晋宁石寨山：第五次发掘报告》，彩版四五，文物出版社，2009年）

图9–8 云南昆明石寨山古墓群出土的圆形猴边鎏金铜扣饰（云南省文物考古研究所、昆明市博物馆、晋宁县文物管理所编：《晋宁石寨山：第五次发掘报告》，彩版六九，文物出版社，2009年）

图9–9 云南玉溪李家山古墓群出土的猴边青铜扣饰（云南省文物考古研究所、玉溪市文物管理所、江川县文化局：《江川李家山》，图版八十：2，文物出版社，2007年）

图 9–11 鲁国故城的战国墓出土的猴形铜带钩（附线描图）（山东省文物考古研究所、山东省博物馆、济宁地区文物组、曲阜县文管会编：《曲阜鲁国故城》，图版九三，齐鲁书社，1982 年）

图 9–13 画像石上的人射猴形象（山东省博物馆、山东省文物考古研究所编：《山东汉画像石选集》，图版二十，齐鲁书社，1982 年）

图 9–14 辽宁朝阳蔡须达墓出土的陶制骆驼，驼背的袋上蹲着一只猴子（《文物》1998 年第 3 期，封面）

图 9–16《清宫兽谱》中的猴（故宫博物院提供）

第十章

图 10–9 陕西汉阳陵出土的陶塑动物群（汉景帝阳陵博物院提供）

图 10–10 陕西汉阳陵出土的陶公鸡（汉景帝阳陵博物院提供）

图 10–11 陕西汉阳陵出土的陶母鸡（汉景帝阳陵博物院提供）

图 10–12 河南济源西窑头村 10 号墓出土的子母鸡（李彩霞：《济源西窑头村 M10 出土陶塑器物赏析》，《中原文物》2010 年第 4 期，彩版 1–1）

图 10–14 甘肃武威磨咀子汉墓群发现的“鸡栖于桀”（甘肃省文物考古研究所、日本秋田县埋藏文化财中心、甘肃省博物馆：《2003 年甘肃武威磨咀子墓地发掘简报》，《考古与文物》2012 年

第5期，图版5-2）

图10-15 前凉台汉墓出土的画像石上的庖厨图（山东省博物馆、山东省文物考古研究所编:《山东汉画像石选集》，图版二三一，齐鲁书社，1982年）

图10-17 云南大理红土坡石棺墓葬群出土的单鸡杖首（大理白族自治州博物馆:《云南祥云红土坡14号墓清理简报》，《文物》2011年第1期，图13）

图10-20 河南南阳英庄遗址里发现的斗鸡图像（王建中、赵成甫、魏仁华主编:《中国画像石全集第6卷：河南画像石》，第171幅，河南美术出版社、山东美术出版社，2000年）

第十一章

图11-3 陕西汉阳陵出土的彩绘陶犬（汉景帝阳陵博物院提供）

图11-4 东汉时期的绿釉狗（故宫博物院提供）

图11-5 东汉时期的红釉陶狗（故宫博物院提供）

图11-6 东汉时期的陶制猎犬（故宫博物院提供）

图11-7 河南南阳王庄汉墓出土的画像石上的田猎图（王建中、闪修山:《南阳两汉画像石》，图7，文物出版社，1990年）

图11-8 河南邓州长冢店汉画像石墓发现的牵獒门吏图（王建中、赵成甫、魏仁华主编:《中国画像石全集第6卷：河南画像石》，第57页，河南美术出版社、山东美术出版社，2000年）

图 11–9 甘肃敦煌莫高窟第 85 窟中的屠宰画面（敦煌研究院主编:《敦煌石窟全集：民俗画卷》，第 43 页，商务印书馆，1999 年）

图 11–11 明代佚名《猫犬图轴》（故宫博物院提供）

图 11–12 清嘉庆年间制作的窑变釉狗（故宫博物院提供）

图 11–13 清代的青玉狗（故宫博物院提供）

图 11–14 清代《猎犬图册》中的狗（故宫博物院提供）

图 11–15 清《十骏犬图》中的狗（故宫博物院提供）

图 11–16《清宫兽谱》中的狗（故宫博物院提供）

第十二章

图 12–7 安徽含山凌家滩遗址出土的玉猪（安徽省文物考古研究所提供）

图 12–8 湖南湘潭船形山出土的猪尊（湖南省博物馆提供）

图 12–9 山西曲沃晋侯墓地出土的猪尊（北京大学考古文博学院提供）

图 12–10 陕西汉阳陵出土的陶公猪（汉景帝阳陵博物院提供）

图 12–11 陕西汉阳陵出土的陶母猪（汉景帝阳陵博物院提供）

图 12–12 河南新密后士郭遗址出土的陶塑猪圈（河南省文物考古研究院提供）

图 12–13 前凉台汉墓出土的画像石上的庖厨图（山东省博

物馆、山东省文物考古研究所编：《山东汉画像石选集》，图版二三一，齐鲁书社，1982年）

图 12–15《清宫兽谱》中的猪（故宫博物院提供）

图 12-19 内蒙古赤峰兴隆洼遗址 118 号墓的人猪合葬（中国社会科学院考古研究所内蒙古工作队：《内蒙古敖汉旗兴隆洼聚落遗址 1992 年发掘简报》，《考古》1997 年第 1 期，图版二：1）

图 12-20 河南偃师商城遗址祭祀用猪的遗存（中国社会科学院考古研究所：《河南偃师商城商代早期王室祭祀遗址》，《考古》2002 年第 7 期，图版二：1）

图 12-21 安徽滁州何郢遗址发现的祭祀用猪（骸骨）（安徽省文物考古研究所提供）